KB244435

빨래 고민 끝! 만능 홈세탁 교과서

# 세탁하기 좋은 날

박기문·한현숙(세탁하기좋은날TV) 지음

보누스

## 집에서 할 수 있는 세탁은 집에서 세탁하세요

30년 이상 세탁소를 운영해왔습니다. 세탁소에서 꼭 세탁해야 하는 옷을 들고 오는 사람도 있지만, 많은 사람이 집에서 충분히 세탁이 가능한 옷까지 세탁소로 가져옵니다. "이런 건 집에서 세탁하셔도 됩니다."라고 말해도 집에서 직접 세탁하면 탈색이나 이염, 수축 등 옷에 문제가 생길까 걱정이 되거나 세탁하는 방법을 몰라서 세탁소에 옷을 맡긴다고 합니다.

그래서 유튜브로 가정에서 할 수 있는 세탁 방법을 알리기 시작했습니다. 많은 사람이 집에서 직접 세탁을 했는데 다시 새 옷처럼 되었다는 댓글을 달아주었습니다. 이렇게 집에서도 옷을 망치지 않고, 새 옷처럼 만드는 세탁을 할 수 있다는 걸 더욱 많은 사람이 알기 바라는 마음에서 이 책을 썼습니다.

이 책을 보고 세탁을 더 이상 어렵게 생각하지 말고 재미있게 따라해보시면 좋겠습니다.

박기문 · 한현숙
세탁하기 좋은 날 TV

# 한눈에 보는 세탁 과정

세탁하기 전에 주머니를 살펴보고
먼지 같은 불순물을 털어주세요.

색상의 오염이나 수축 등의 문제를
방지하기 위해 세탁물을 분류해주세요.

섬유유연제를 옷에 직접 넣으면 안 됩니다.
옷이 누렇게 변하거나 얼룩이 남을 수도 있습니다.

오염되거나 냄새가 밴 세탁물은
세탁 전에 전처리를 해줍니다.

세탁물의 건조 방법에 따라 건조합니다.

세탁물의 다림질 방법에 따라 다림질합니다.

# 세탁 취급 표시, 꼭 지켜야 할까요?

세탁표기법에 따른 세탁을 하는 것이 원칙이지만, 반드시 지켜야 하는 것은 아
닙니다.

물론 기본적으로는 세탁표기법을 따르는 것이 좋지만, 간혹 물세탁과 드라이
클리닝이 혼용되어 있을 때도 있습니다. 물세탁이 가능한 면 티셔츠인데도 손
세탁 금지나 드라이클리닝으로만 표기되어 있기도 합니다.

먼저, 물세탁과 드라이클리닝을 비교해보겠습니다.

|  | 물세탁 | 드라이클리닝 |
|---|---|---|
| 오염 제거 | 수용성 | 지용성 |
| 수축/변형 | O | X |

오염 제거가 목표라면 오염 종류에 따라 물세탁 또는 드라이클리닝을 선택하
면 되고, 수축이나 변형을 최소화하는 것이 목표라면 물세탁보다 드라이클리닝
으로 세탁하면 됩니다.

**주의하세요!**

**세탁 취급 표시를 꼭 지켜야 하는 옷**

- 성질이 다른 두 개 이상의 원단이 혼합되어 있거나, 가죽이나 보석 등 부착물이 있는 옷이라면
되도록 세탁 취급 표시에 따라 세탁해 주세요.

# 세탁 취급 표시 알아보기 한국산업표준 기준

## ● 물세탁

| | 물 온도 | 95도 ★삶을 수 있음 |
|---|---|---|
| **95℃** | 세탁 방법 | 세탁기·손세탁 |
| | 세제 종류 | 제한 없음 |

| | 물 온도 | 60도 |
|---|---|---|
| **60℃** | 세탁 방법 | 세탁기·손세탁 |
| | 세제 종류 | 제한 없음 |

| | 물 온도 | 40도 |
|---|---|---|
| **40℃** | 세탁 방법 | 세탁기·손세탁 |
| | 세제 종류 | 제한 없음 |

| | 물 온도 | 40도 |
|---|---|---|
| **약40℃** | 세탁 방법 | 세탁기·손세탁 약하게 |
| | 세제 종류 | 제한 없음 |

| | 물 온도 | 30도 |
|---|---|---|
| **약30℃ 중성** | 세탁 방법 | 세탁기·손세탁 약하게 |
| | 세제 종류 | 중성세제 사용 |

| | 물 온도 | 30도 |
|---|---|---|
| **손세탁 약30℃ 중성** | 세탁 방법 | 손세탁 약하게 가능 |
| | 세제 종류 | 중성세제 사용 |

물세탁 불가

## ● 염소계·산소계 표백제 사용

염소계 표백제 사용

염소계 표백제로 표백 불가

산소계 표백제 사용

산소계 표백제로 표백 불가

표백제 종류
염소계·산소계 표백제 사용

염소계·산소계 표백제로 표백 불가

 드라이클리닝 가능

 드라이클리닝 가능
용제는 석유계 사용

 드라이클리닝
전문점에서만 가능

 드라이클리닝 불가

● 웨트클리닝

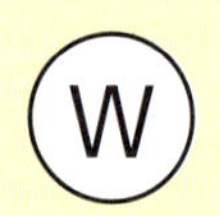 웨트클리닝

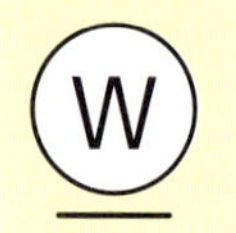 약한
웨트클리닝

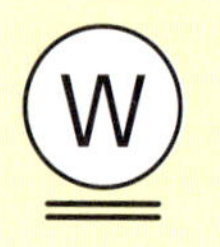 아주 약한
웨트클리닝

 옷걸이에 걸어서
햇볕에 건조

 옷걸이에 걸어서
그늘에 건조

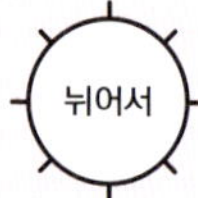 바닥에 뉘어서
햇볕에 건조

 바닥에 뉘어서
그늘에 건조

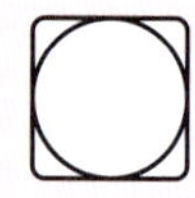 기계 건조 가능

 기계 건조 불가

 손으로
약하게 짜기 가능

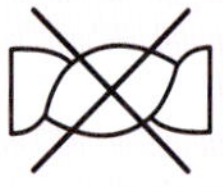 손으로 짜기 불가



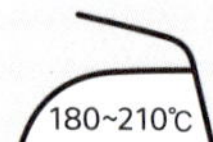 온도
180~210도

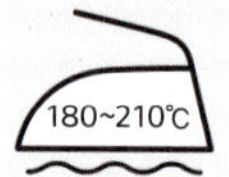 온도
180~210도
옷 위에 천을 덮고 다림질

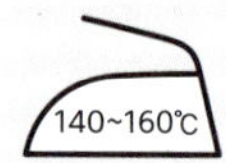 온도
140~160도

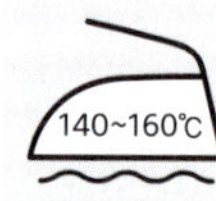 온도
140~160도
옷 위에 천을 덮고 다림질

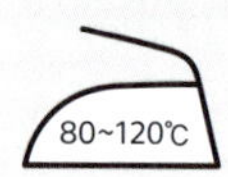 온도
80~120도

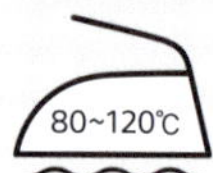 온도
80~120도
옷 위에 천을 덮고 다림질

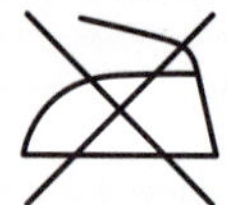 다림질 불가

웨트클리닝: 기술적 물세탁 방식

# 세탁하기 전에 알아두세요!



① 의류의 원단을 파악한다.

② 의류의 색감을 분류한다.

③ 의류에 맞는 세제를 고른다.

누런 얼룩이나 찌든 때에는
과탄산소다를 추가해 세탁!

땀 냄새에는 베이킹소다
(종이컵 반 컵 정도)를 추가해 세탁!

| 연·마·폴리에스테르 | 모직·견·나일론 | 아크릴·레이온·아세테이트 |
|---|---|---|

| 밝은색 | 어두운색 | | |
|---|---|---|---|

| 물 온도 30~40도에서 중성세제로 세탁한다. | 어두운색 옷은 뒤집어서 물 온도 30도에서 중성세제로 세탁한다. | 물 온도 30도 미만에서 울 샴푸로 손세탁을 한다. | 물 온도 30도 미만에서 중성세제로 손세탁을 한다. |
|---|---|---|---|
| | | 모직 : 손세탁 권장!<br>견 : 마찰에 취약해 강하게 비벼서 세탁 금지! | 아세테이트 : 드라이클리닝 권장!<br>레이온 : 손세탁이나 드라이클리닝 권장! |



**물세탁을 주의해야 할 섬유**

- 레이온이 60% 이상 혼방된 옷은 물세탁을 하면 수축이 될 수 있습니다.
- 실크(실크 혼방) 소재 의류는 물세탁을 하면 광택이 소실되거나 탈색이 될 수 있습니다.
- 가죽 의류는 물세탁을 하면 뻣뻣해지거나 탈색될 수 있습니다.
- 모피 의류는 물세탁을 하면 갈라지거나 변형이 생길 수 있습니다.
- 벨벳 소재 의류는 물세탁을 하면 광택과 감촉이 사라지고, 기모에 변형이 일어납니다.

# 차례

## 1장 매일 상쾌하게! 새 옷처럼 만드는 세탁법

## 2장 집에서 간단하게!
## 신발, 침구, 인형 세탁법

# 도구와 재료 설명 & 계량법

## 세탁 세제 (계면활성제)

세탁 세제는 계면활성제의 농도에 따라 세척력의 차이가 있습니다. 계면활성제는 물과 기름과 같이 성질이 다른 물질을 섞이게 하여 의류에 묻은 때를 없애는 역할을 합니다.

계면활성제의 농도가 높은 세제를 선택하면 좋습니다.

## 중성세제

pH 6~8 사이로, 가장 기본으로 사용하는 세탁 세제이며, 섬유의 손상을 최소화하여 실크나 모직 등의 세탁에도 사용 가능하다.

찌든 때의 경우 중성세제 원액을 묻혀 문질러 처리하면 좋습니다. 와이셔츠의 찌든 때는 세탁 전에 효소를 첨가한 세제를 사용하면 효과가 좋습니다.

## 가루 세제

가루로 된 세제로, 알칼리성을 띠어서 액체 세제보다 세척력이 좋다. 물에 잘 녹여서 사용해야 하며 습기에 약해 보관이 어렵고 세탁 후 잔여물이 남을 수 있는 문제로 같은 성분의 액체 세제를 선호하는 추세다.

가루 세제는 사용 전에 미리 녹여서 사용하고, 세탁 후에도 헹굼을 한 번 더 해주면 좋습니다.

## 비누

고체 형태의 세제로, 전처리를 할 때 원하는 부분에 집중적으로 문질러서 얼룩을 제거하기에 용이하다.

불용성 얼룩(흙탕물, 자전거 체인 기름 얼룩 등)은 비누를 묻혀서 비벼서 세탁하면 제거가 가능합니다.

## 표백제

염소계 표백제는 섬유에 손상을 입힐 수 있어서
두꺼운 의류 표백이나 청소용으로 사용하고, 일
반적인 표백은 산소계 표백제를 이용하는 것이
좋습니다.

산화: 산소와 결합, 수소와 분리
환원: 산소와 분리, 수소와 결합

## 과탄산나트륨

약염기성으로, 누렇게 된 옷을 하얗게 표백
하는 대표적인 산소계 표백제이다. 땀 얼룩,
음식물로 인한 황변 제거에 효과적이다. 면,
마 등 식물성 섬유에 적합하며, 울, 실크 등
동물성 섬유에는 사용하면 안 된다.

물 온도 40도 이상에서 사용해야 효과가 있습니다.

## 과산화수소

산성으로 울, 실크 등 동물성 섬유 표백에 주
로 사용되는 산소계 표백제다. 온도가 높거
나 염기성이 강할수록 효과가 좋기 때문에
염기성 물질(과탄산나트륨, 암모니아 등)과 혼
합해서 사용하면 효과가 좋다.

다리미 눌어붙은 얼룩이나 운동화, 울, 실크에 생
긴 황변은 과산화수소 3% 250ml에 암모니아 2~3
방울을 혼합하여 분무하면 효과적으로 제거할 수
있습니다.

## 락스

강염기성 염소계 표백제로 차아염소산나트
륨을 물에 녹인 수용액이며, 강한 산화력으
로 표백 효과가 높아서 화장실 청소나 곰팡
이 제거에 효과적이다. 의류에 사용할 경우
곰팡이 제거에 효과적이지만 탈색 우려가 있
기 때문에 반드시 흰색 면이나 마 소재의 옷
에만 사용해야 한다.

락스의 유통기한은 보통 제조일로부터 15개월 정
도입니다. 시간이 지날수록 유효 염소 농도가 감
소하여 효과가 점점 떨어지며, 유통기한이 지나면
희석 농도를 짙게 사용하면 됩니다.

## 산화표백제

염기성을 띠며 산소계 표백제(과탄산소다)와
염소계 표백제(차아염소산나트륨)로 나뉜다.
락스의 주 성분이 차아염소산나트륨으로, 주로
흰색 면, 마 섬유에 사용한다.

## 환원표백제

산성을 띠며 아황산계, 하이드로설파이트 등
을 이용한다. 주로 흰색 모, 견 등 동물성 섬
유, 나일론에 사용한다.

## 베이킹소다

약알칼리성으로 탄산수소나트륨, 중조, 중탄산나트륨으로 불린다. 냄새 제거, 연마 작용으로 주방 기름때 제거에 효과적이며 경수(센물)를 연수(단물)로 바꿔서 세탁 효과를 높인다.

---

경수(센물)는 칼슘, 마그네슘 등 금속이 함유되어 있는 물입니다, 금속 성분은 세제와 결합하여 세제의 성능을 떨어트려 세탁 효과가 저하됩니다.

## 구연산

산성으로 시트르산으로도 불리며, 살균 효과가 있어서 물때 제거 및 살균 소독에 사용한다. 세탁 후에 사용하여 염기성을 중화시키는 역할을 한다.

---

구연산 대신 식초를 사용해도 되지만 식초는 특유의 냄새가 나기 때문에 구연산 사용을 추천합니다. 섬유유연제를 넣을 때 구연산 한 숟가락을 물에 희석해서 넣어주세요.

## 에탄올

에틸 알코올로 알려져 있으며, 알코올의 한 종류이다. 유성 볼펜, 유성 매직, 네임펜, 립스틱, 파운데이션 등 유성 얼룩 제거에 효과적이다. 약국이나 인터넷에서 구매할 수 있다.

---

얼룩 제거 시, 타월 위에 오염 부위를 놓고 에탄올을 뿌려서 면봉으로 살살 문지릅니다. 휴지로 얼룩 부위를 찍어내면서 얼룩 제거 후 세탁하면 됩니다.

## 천일염

염색이 잘되도록 돕는 매염제로, 빛이나 마찰에도 색이 변하지 않고 오래 견디는 역할을 한다.

---

청바지나 검정 면 의류 세탁 시 천일염 한 주먹을 같이 넣으면 색이 선명해지고 물이 빠지는 것을 막아줍니다.

### 다목적세정제(PB-1)

강알칼리성으로 단백질이나 기름을 분해시
켜서 주방 후드의 기름때, 자동차 휠 기름 제
거를 위해 사용되기도 한다. 옷에 묻은 식용
유, 삼겹살 기름, 피 얼룩 제거에 효과적이다.

———

얼룩 제거시 다목적세정제 소량을 덜어서 면봉에
묻혀 얼룩 부위에 두드려주고 가볍게 비벼서 세탁
하면 됩니다. 울, 실크, 가죽, 스웨
이드에는 사용하면 안 됩니다.

### EM 비누

불쾌한 냄새의 원인은 바로 세균이다. EM 비
누는 유용한 미생물로 해로운 미생물을 억제
해서 냄새 제거에 효과적이다.

———

하수구, 싱크대 등에 뿌리거나 옷이나 신발에 뿌
리면 냄새가 없어집니다.

## 계량법

- 이 책에서는 g과 ml를 계량 단위로 삼았습니다.
- 다음은 종이컵(약 180ml)를 사용했을 때 계량할 수 있는 보기입니다.
  - 90~100ml : 1/2컵
  - 60~70ml : 1/3컵
  - 40~50ml : 1/4컵
  - 30ml : 1/6컵

# 일반용 세제와 드럼용 세제는 어떤 차이가 있나요?

세제를 일반용과 드럼용으로 구분하는 이유는 두 가지 세탁 방식이 작동 원리는 물론 사용하는 물의 양도 다르기 때문입니다.

|  | 일반 세탁기 | 드럼 세탁기 |
|---|---|---|
| 세탁 방법 | 세탁기 통이 돌아가는 회전력으로 세탁 | 물의 낙차를 이용해 세탁 |
| 물 사용량 | 많음 | 적음 |

　드럼용 세제는 일반용 세제에 비해 거품이 덜 발생하게 만들어졌습니다. 그래서 일반용 세제를 드럼 세탁기에 넣고 세탁을 하면 과도한 거품이 발생할 수 있으며, 반대로 드럼용 세제를 일반용에 넣으면 큰 문제는 없으나 평소보다 거품이 나지 않습니다.

　일반 세탁기에는 어떤 세제를 사용해 세탁해도 무방하지만, 드럼 세탁기에는 반드시 드럼용 세제를 넣어서 세탁해야 합니다. 각 세탁기 특성에 따라 제작된 세제인 만큼 최적의 효과를 내기 위해서는 용도에 맞춰서 세제를 사용하는 것이 좋습니다.

**일러두기!**

- 이 책에서 소개하는 세탁법은, 세탁기 구매 시 동봉된 안내서와 차이가 있을 수 있습니다.
  세탁기의 특성이나 주의 사항 등을 참고해 세탁하기 바랍니다.
- 연결한 QR코드의 영상 내용을 참고하되, 본인에게 더 맞는 방법을 선택해서 세탁해주세요.

# 1장

## 새 옷처럼 만드는 세탁법

# 와이셔츠 찌든 때 빼기

문지르지 말고 한 방에 찌든 때를 제거하자!

1시간

세탁기 '찌든 때' 세탁 코스 사용

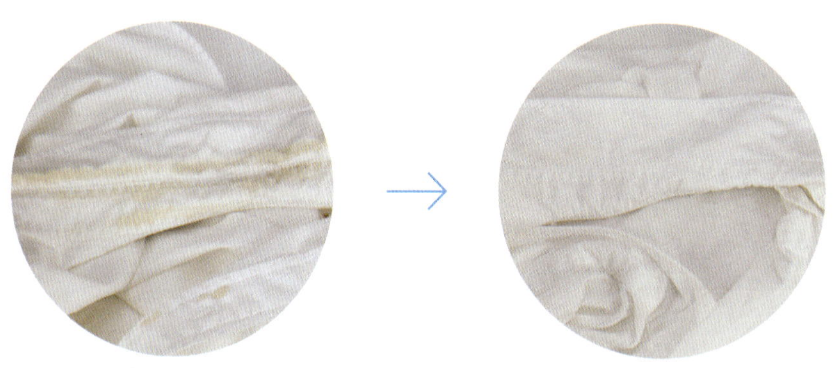

## 준비물

| 물 온도 | 60도 |
| --- | --- |

| 구연산 | 중화 | 10g |
| --- | --- | --- |
| 과탄산소다 | 표백 | 100g |
| 바르는 효소 세제 | | 1개 |

└ 계면활성제 농도 15% 이상 추천

| 베이킹소다 | 냄새 제거 | 100g |
| --- | --- | --- |
| 중성세제 | 침투제 | 5~10ml |

## 주요 소재

폴리에스테르, 나일론, 면, 마

## 세탁 방법

1. 목이나 소매 등 찌든 때가 심한 부위에 바르는 효소 세제를 묻혀 전처리를 합니다.

2. 베이킹소다, 과탄산소다, 중성세제를 세탁기에 넣어줍니다.

3. 세탁기 '찌든 때 세탁 코스'로 세탁합니다.
   └ '찌든 때' 코스가 없을 때는 물 온도 60도, 탈수 강으로 설정

4. 헹구기 전에 세탁기에 구연산을 넣습니다.

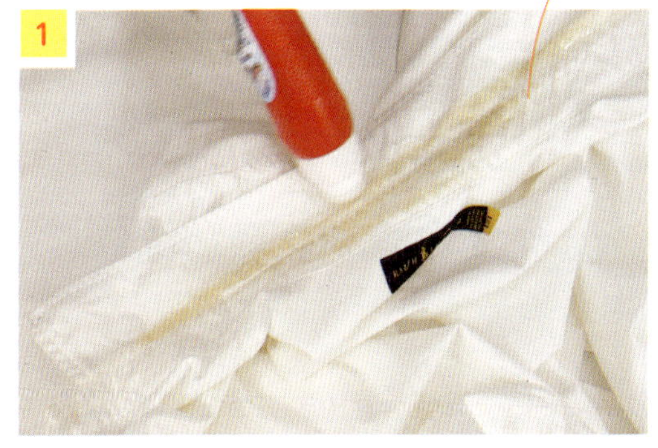


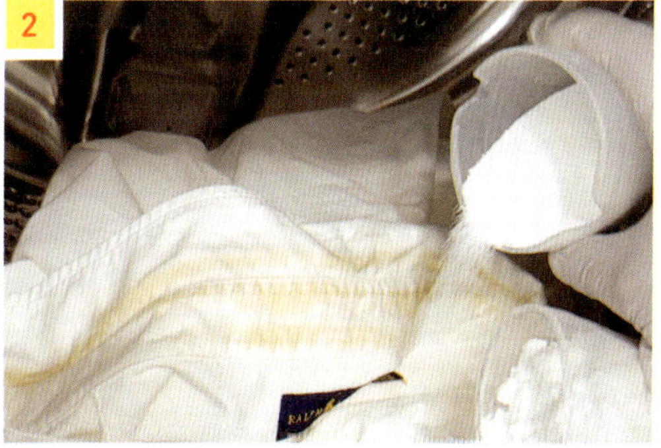

# 스트라이프 셔츠 세탁하기

## 줄무늬 색은 그대로! 누런 얼룩만 제거한다

**20~30분**

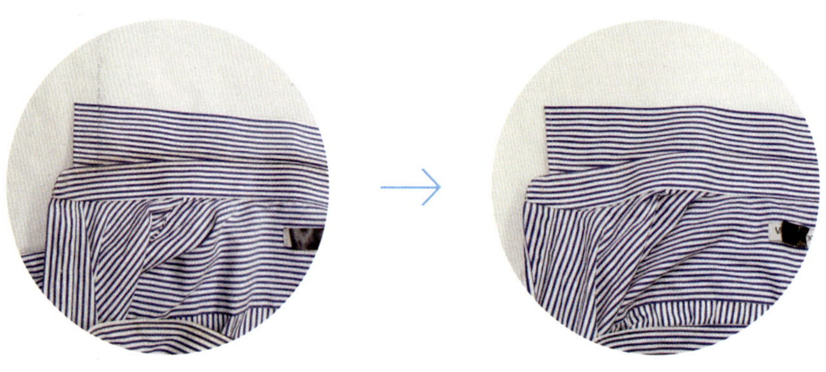

### 준비물

**물 온도**　　**50~60도**

| | | |
|---|---|---|
| 구연산 \| 중화 | 10g |
| 과산화수소수 \| 색 보존 | 100g |
| 과탄산소다 \| 표백 | 100g |
| 중성세제 \| 침투제 | 5~10ml |

### 주요 소재

폴리에스테르, 나일론, 면, 마

## 이렇게 해보세요!

- 색이 안 빠졌다면, 농도와 온도를 높여 다시 담금 처리해 보세요.
- 스트라이프가 아닌 무지 셔츠라면, 과산화수소수가 없어도 됩니다.

▶ 영상으로 더 쉽게
알아보세요!

## 세탁 방법

**1**   과탄산소다를 물에 넣어 녹입니다.

**2**   **1**에 과산화수소수를 넣습니다.

**3**   **2**에 중성세제를 넣고 잘 섞습니다.

뒷장에 계속 →

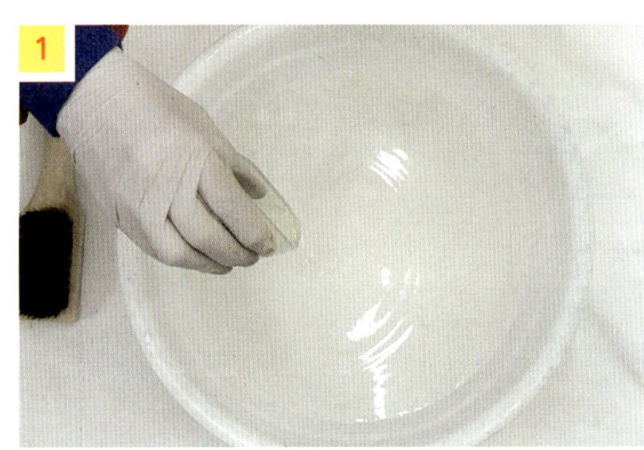

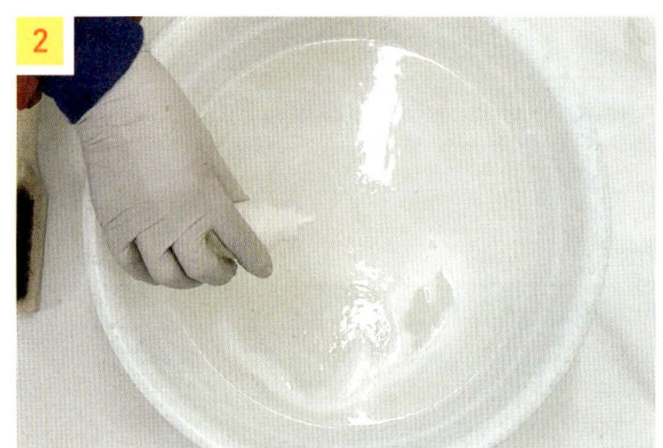

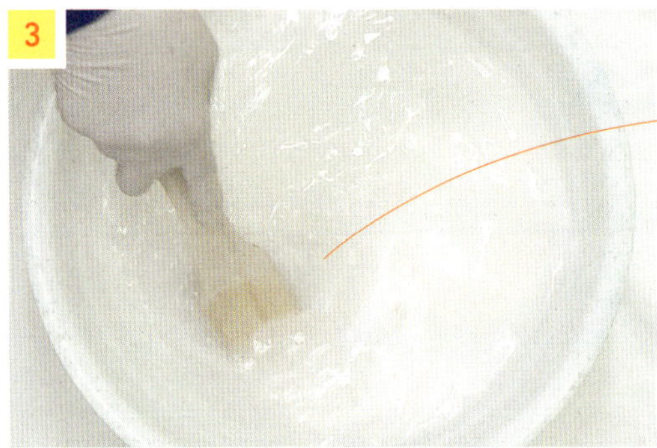

4  **3**에 얼룩이 심한 부분을 먼저 담급니다.

5  다음으로 소매나 단추 부분 같은 두꺼운 부분을 넣습니다.

6  10~20분 동안 담금 처리합니다.
   └ 프린팅된 부분은 물에 닿지 않게 띄워주세요.

7  세탁기에 구연산을 넣고 세탁합니다.

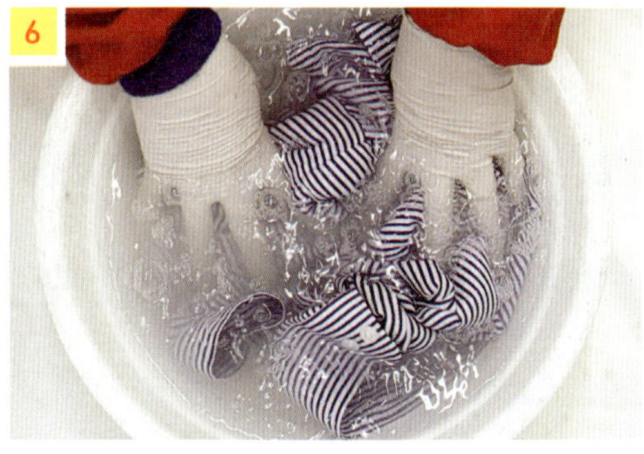

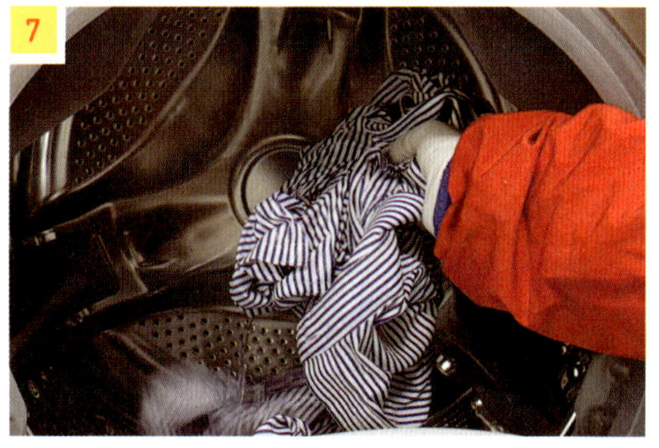

# 떨어진 단추 튼튼하게 다는 법

**준비물**

| | |
|---|---|
| 실 | 1개 |
| 바늘 | 1개 |
| └ 너무 크지 않고, 바늘귀만 큰 것 | |
| 단추 | 1개 |

**바느질 방법**

1. 바늘에 실을 꿰어 매듭을 짓습니다.
2. 매듭 지은 실을 단춧구멍의 위에서 아래로 실을 통과시켜 매듭 사이로 바늘을 통과시킵니다.
3. 통과시킨 단추를 원하는 위치의 위에서 아래로 천을 떠줍니다.
4. 반대편 단춧구멍도 동일하게 2번 정도 해줍니다.

팁!
천 쪽에서 실이 풀리지 않게 매듭을 잘 지어주세요.

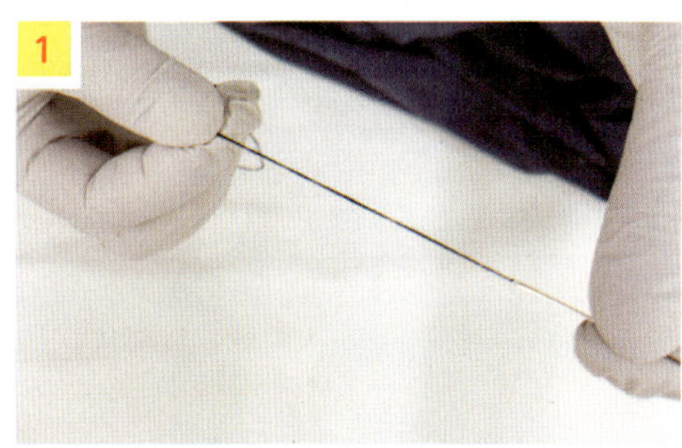
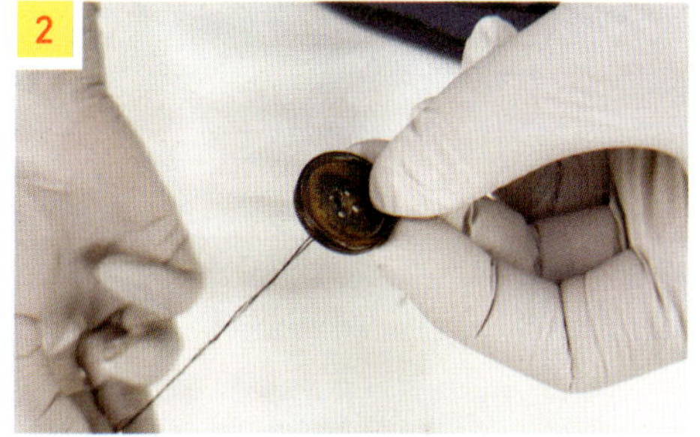
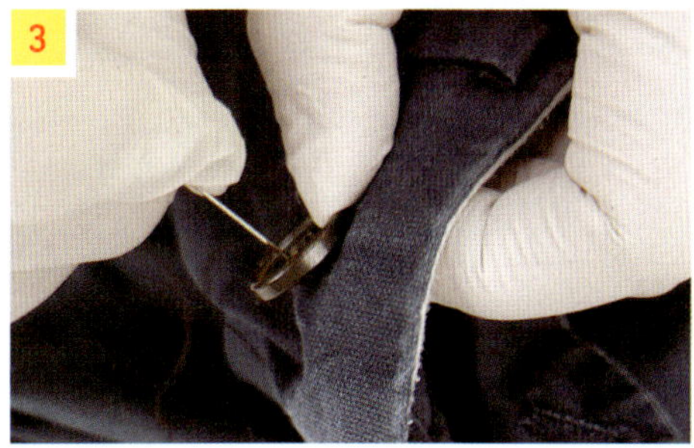
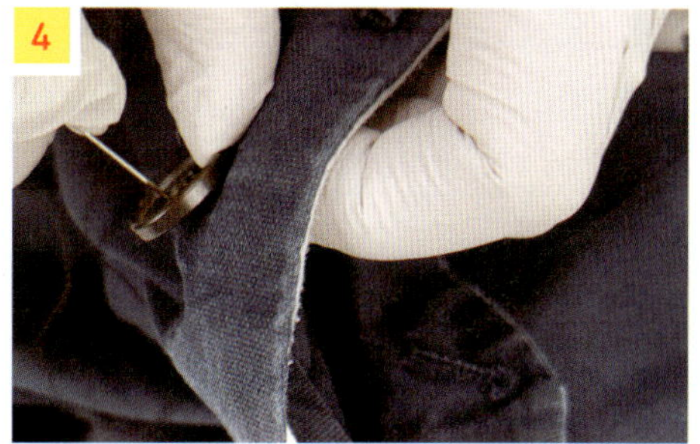

# 청색 셔츠 누런 얼룩 제거하기

색깔은 그대로! 누런 얼룩만 쏙 뺀다

10~15분

### 준비물

**물 온도**  **50도 이상**

과산화수소수 | 색 보존  100ml
└ 과산화수소수 35%

과탄산소다 | 표백  50g

중성세제 | 침투제  5~10ml

구연산 | 중화  5~10ml

### 주요 소재

폴리에스테르, 나일론, 면

## 세탁 방법

1 과탄산소다를 물에 넣어 녹입니다.

2 **1**에 과산화수소수를 넣습니다.

3 **2**에 중성세제를 넣습니다.

4 **3**에 청색 셔츠를 10~15분 담근 후 세탁기에 구연산과 넣어 세탁합니다.

    └ 옷이 뜨지 않게 살짝 눌러주세요.

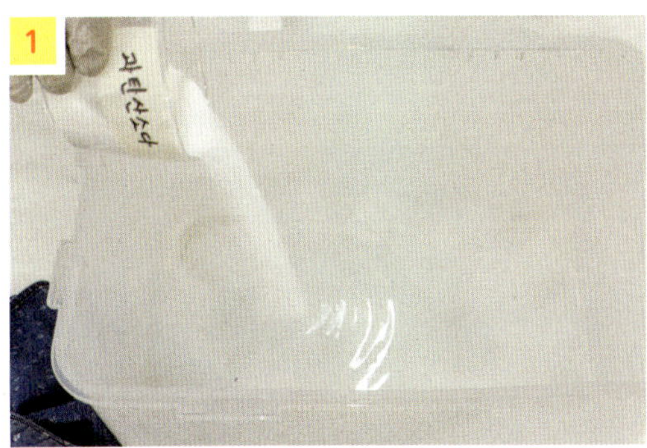

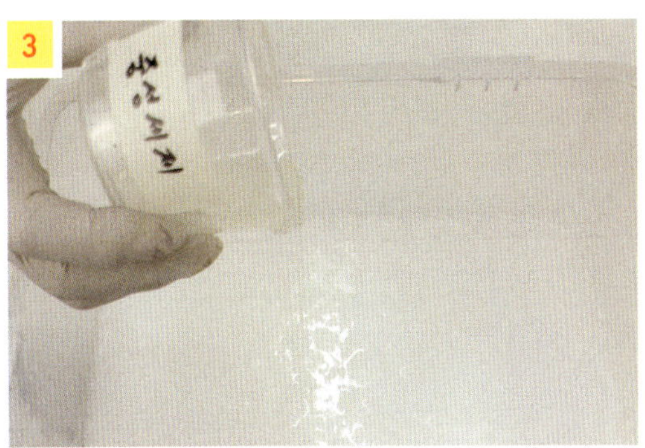

# 누렇게 변한 흰옷을 하얗게 만들기 1

## 과탄산소다를 활용한 흰옷 표백법

**10~15분**

얇은 옷은 5분 이내로도 가능하며, 두꺼운 옷은 10분 정도 소요

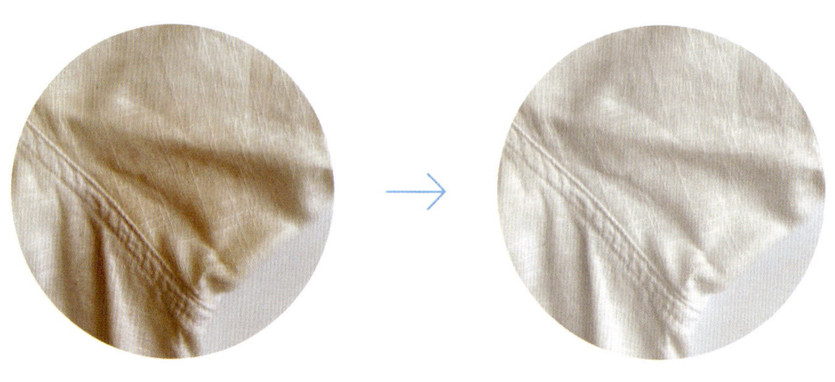

| **준비물** | | 과탄산소다 \| 표백 | 100g |
| --- | --- | --- | --- |
| | | 중성세제 \| 침투제 | 5~10ml |

**물 온도** **50~60도**

※아크릴, 아세테이트 원단은 열에
약하므로 30~40도로 준비하세요.

**주요 소재**

구연산 \| 중화　　　　10g
└ 물 1L에 희석시켜서 준비하세요.

면, 마 등 식물성 섬유

**이렇게 해보세요!**

· 색이 완벽하게 빠지지 않았다면, 과탄산소다 농도와 물의 온도를 높여서 다시 담금 처리합니다.

· 구연산으로 헹구고 기호에 따라 섬유유연제를 넣어주세요.

## 세탁 방법

1  과탄산소다를 물에 넣습니다.

2  **1**에 중성세제를 넣습니다.

3  **2**에 옷을 10~15분 담급니다.

4  30~40도 미온수에서 한 번 헹군 다음 찬물로 한 번 더 헹궈줍니다.
    └ 뜨거운 물에서 바로 찬물로 헹구면 섬유가 경직될 수 있습니다.

5  **4**에 구연산을 넣고 옷을 담가 산성으로 중화시켜 마무리합니다.

**주의하세요!**

프린팅된 옷은 물에 푹 담그지 말고 프린팅된 부분을 띄워서 세탁해 주세요.

# 누렇게 변한 흰옷을 하얗게 만들기 2

## EM 비누를 활용한 흰옷 표백법

**10~15분**

얇은 옷은 5분 이내로도 가능하며, 두꺼운 옷은 10분 정도 소요

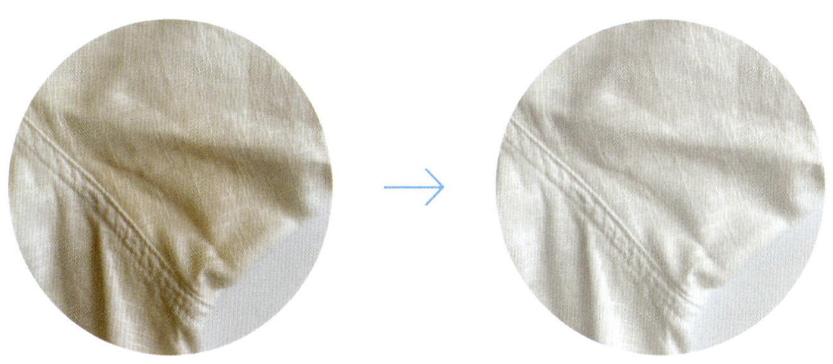

### 준비물

**물 온도** **40~50도**

| | | |
|---|---|---|
| 과탄산소다 \| 표백 | 100g |
| 베이킹소다 \| 냄새 제거 | 100g |
| 중성세제 \| 침투제 | 5~10ml |
| EM 비누 | 1개 |

### 주요 소재

면, 마 등 식물성 섬유

## 세탁 방법

1  물에 과탄산소다, 베이킹소다를 넣어 잘 섞습니다.

2  1에 중성세제를 넣습니다.

3  2에 흰옷을 5~10분 담급니다.

4  목 부분에 얼룩이 남아 있으면 EM 비누를 묻혀 지워줍니다.

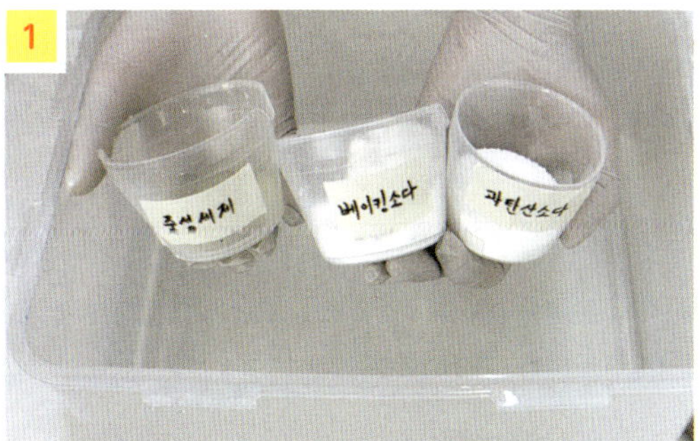



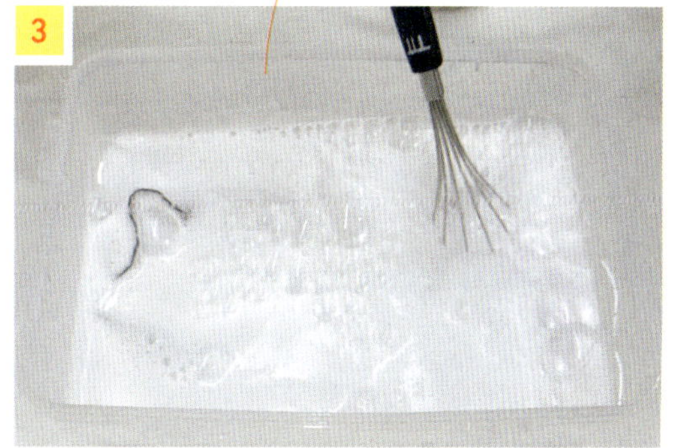



**이렇게 해보세요!**

· 원단이 여러 겹이라 얼룩이 남은 부분은 중성세제를 묻힌 후 옷을 문질러서 마찰을 일으켜 제거합니다.

# 옷 색깔 잘 지키는 법

이염 없이 세탁하기 위해서는 세탁물을 색상별로 분류해서 세탁하는 것이 가장 중요합니다. 그래서 흰색(연한 파스텔 계열), 검은색(어두운 색상 계열)으로 분류해서 세탁해야 합니다. 빨강, 파랑, 노랑도 같은 색상끼리 분류해 세탁해야 이염을 방지할 수 있습니다.

## 이염이 잘 되는 섬유

면, 실크, 나일론은 다른 섬유에 비해서 이염 가능성이 높기 때문에 주의해서 세탁해야 합니다. 특히 나일론은 한번 이염이 되면 복원이 거의 어렵습니다.

## 형광 색 옷 세탁할 때 주의점

형광 색 옷은 세탁할 때 표백제를 사용하면, 형광 고유의 색이 빠지기 때문에 주의해야 합니다.

# 만능 얼룩 제거제 만들기
## 볼펜, 화장품, 립스틱 얼룩 등을 한 번에 제거하기!

### 준비물

| | | |
|---|---|---|
| 소독용 에탄올 83% | 색소 제거 | 30ml |
| 주방세제 | 기름 얼룩 제거 | 5~10ml |
| 빈 분무기 | | 1개 |

▶ 영상으로 더 쉽게
알아보세요!

## 세탁 방법

1   에탄올과 주방세제를 3:1 비율로 빈 분무기에 담아줍니다.

2   **1**을 흔들어서 에탄올과 주방세제를 섞어줍니다.

3   **2**를 오염 부위에 뿌리고 잘 흡수되도록 두드려줍니다.

4   얼룩이 원단에 충분히 스며들면 손으로 비벼서 마찰시킵니다.

5   세탁기에 넣어 세탁합니다.

팁!

화장품, 라면 국물 등 원단에 깊이 스며든 얼룩은 손으로 비벼서 마찰을
주어야 깨끗하게 제거할 수 있습니다.

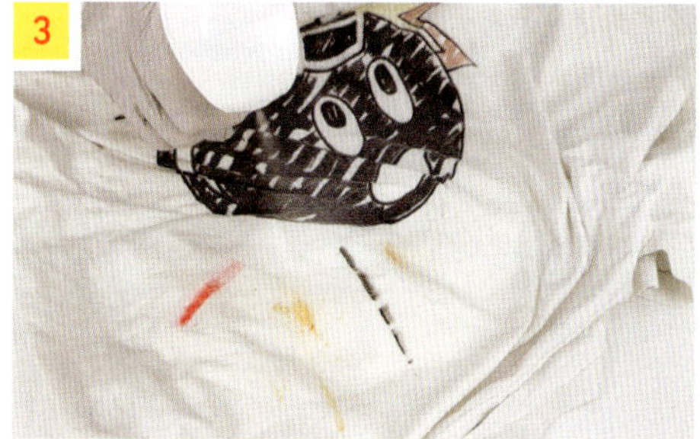

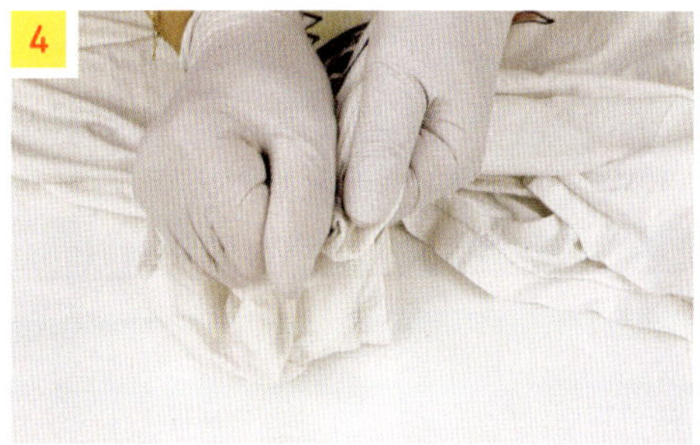

# 누렇게 변한 흰 모자 세탁법

흰 모자에 묻은 화장품 얼룩 말끔하게 지우기!

5~10분

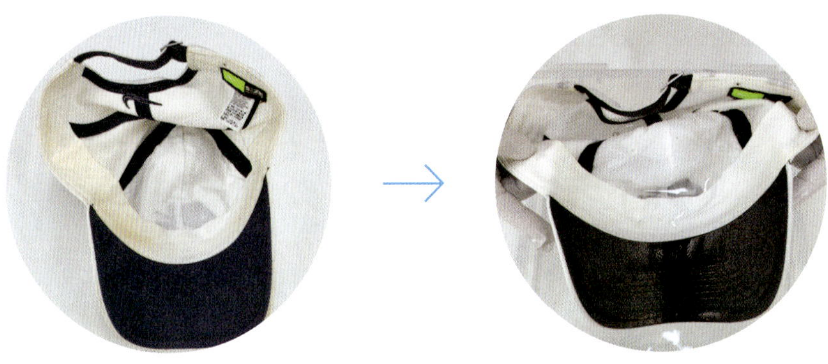

**준비물**

| 물 온도 | 40도 |
| --- | --- |

| 과탄산소다 \| 표백 | 50g |
| 베이킹소다 \| 냄새 제거 | 50g |
| 샴푸 \| 침투제 | 5ml |
| 마른수건 | 1개 |
| 칫솔 | 1개 |

▶ 영상으로 더 쉽게
알아보세요!

## 세탁 방법

1 과탄산소다, 베이킹소다, 샴푸를 물에 넣어줍니다.

2 **1**에 모자를 5~10분 담가줍니다.

3 모자 내부에 화장품 얼룩이 묻었다면 칫솔로 문질러 지웁니다.

뒷장에 계속 →

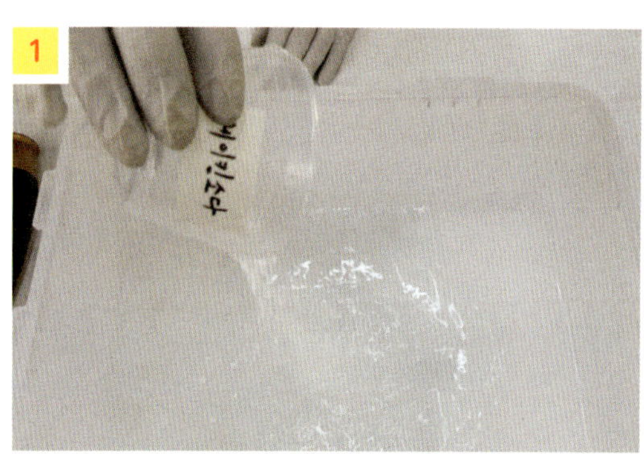

팁!
모자 모양이 변형되지 않도록 모자를 누르지 말고
모자 모양 그대로 담갔다가 뺍니다.

4  찬물로 2~3회 헹궈줍니다.

5  마른 수건으로 물기를 닦아줍니다.

└ 모자 틀이 망가질 수 있으니 탈수기로 탈수하지 말고 꼭 마른 수
   건으로 물기를 흡수해 주세요.

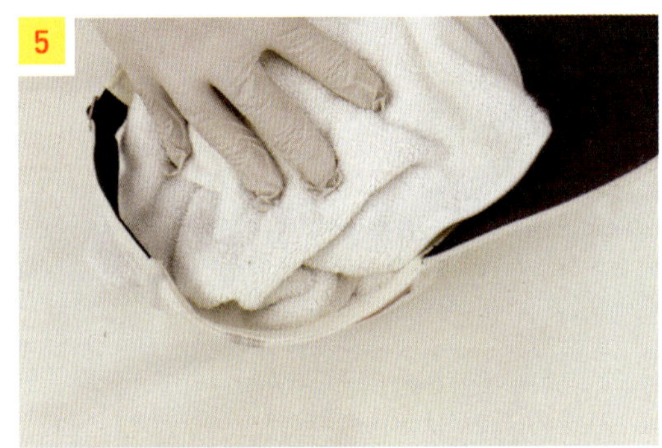

## 이렇게 해보세요!

• 검은색 모자는 과탄산소다 없이 베이킹소다와 샴푸만 넣고 세탁하면 됩니다.

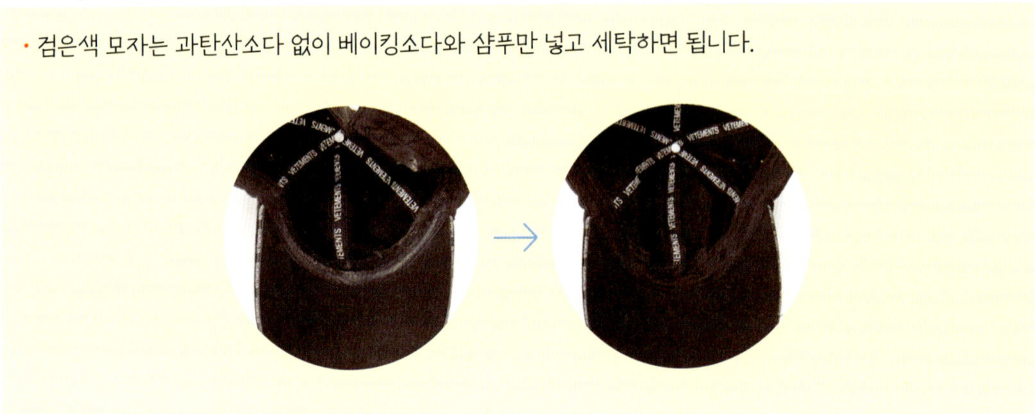

# 모자 틀 단단하게 고정하기

## 준비물

| | |
|---|---|
| 물 | 100ml |
| 풍선 | 1개 |
| 물풀 | 1개 |
| 빈 분무기 | 1개 |

## 모자 틀 고정 방법

1. 빈 분무기에 물과 물풀(물풀 뚜껑 하나 정도 분량)을 넣고 섞어서 분무합니다.
2. 모자 안쪽에 풍선을 넣고 부풀려서 틀을 고정한 다음 드라이어로 말립니다.

**팁!**
물풀이 없으면, 밥으로 풀을 만들어서 뿌려도 됩니다.(117쪽 참고)

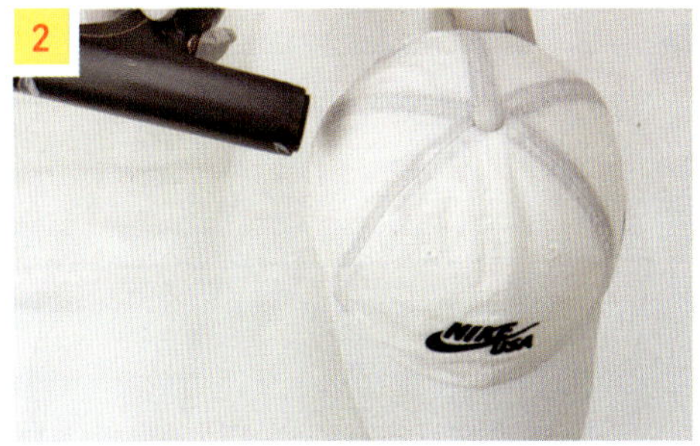

# 누렇게 변한 흰 니트 세탁법

## 니트 홈드라이(웨트클리닝) 방법

**10분 미만**

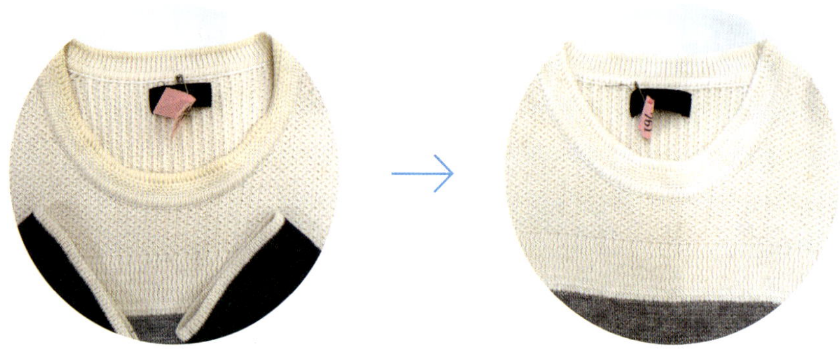

### 준비물

| 물 온도 | 40도 |
| --- | --- |

| | |
| --- | --- |
| 과산화수소수 | 250g |
| 베이킹소다 \| 냄새 제거 | 30g |
| 중성세제 \| 침투제 | 10ml |
| 구연산 \| 중화 | 20g |

### 주요 소재

면, 모, 나일론

▶ 영상으로 더 쉽게
알아보세요!

## 세탁 방법



1 물에 과산화수소수, 베이킹소다, 중성세제를 넣습니다.

2 손으로 10분 정도 꾹꾹 누릅니다.

3 깨끗한 물로 2회 헹군 후 물을 짭니다.

 └ 헹굼 시 찬물로 바로 헹구지 말고, 뜨거운 물이 있는 상태에서
   천천히 온도를 낮추면서 헹구세요.

4 탈수 후 구연산을 넣어서 중화시킵니다.

5 다시 헹구고 탈수합니다.

6 전체적으로 틀을 잡아 건조대에 올려서 자연 건조합니다.

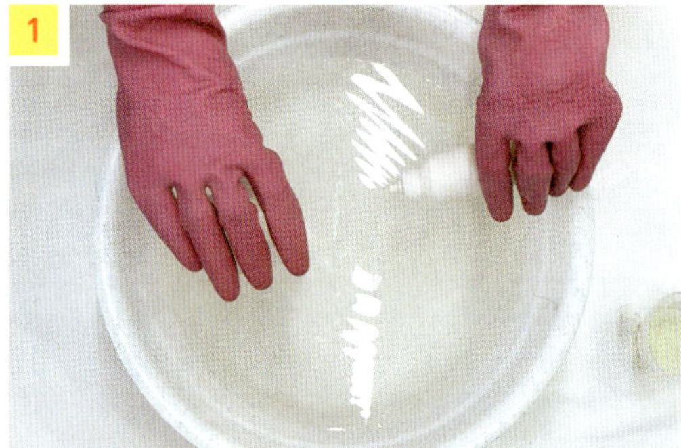


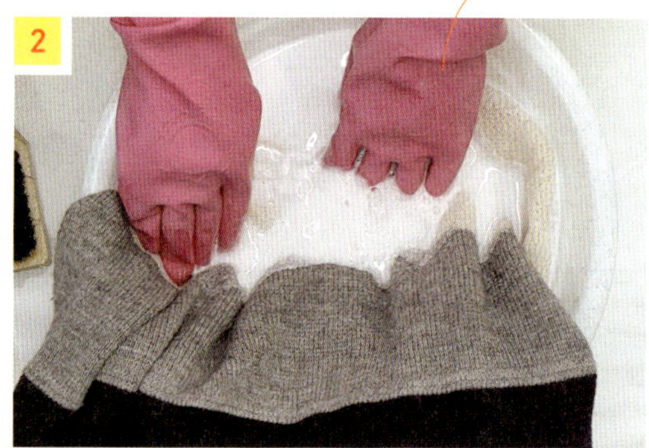

# 울 / 캐시미어 소재 의류 손세탁법

## 목도리나 니트도 실수 없이 말끔하게!

5분 미만

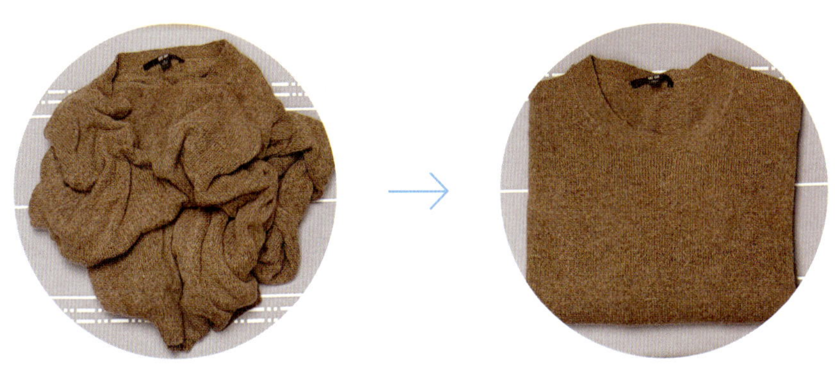

### 준비물

| 물 온도 | 30도 |
| --- | --- |

※ 물이 너무 뜨거우면 목도리나
니트가 줄어들 수 있습니다.

| 중성세제 \| 침투제 | 10ml |
| --- | --- |
| 양모 브러시 | 1개 |
| 스팀다리미 | |

### 주요 소재

캐시미어, 울

### 이렇게 해보세요!

· 마지막으로 헹굴 때 섬유유연제나 린스를 넣으면 겨울에 자주 일어나는 정전기를 방지할 수 있습니다.

▶ 영상으로 더 쉽게 알아보세요!

## 세탁 방법

1  옷이 담길 만한 정도의 물에 중성세제를 넣어 잘 풀어줍니다.

2  **1**에 니트나 목도리를 잘 접어서 담급니다.

3  담근 상태에서 살짝 눌러주고, 뒤집어서 눌러주기를 반복합니다.

4  5분 정도 지나면 꺼내서 물기를 짭니다.

뒷장에 계속 →

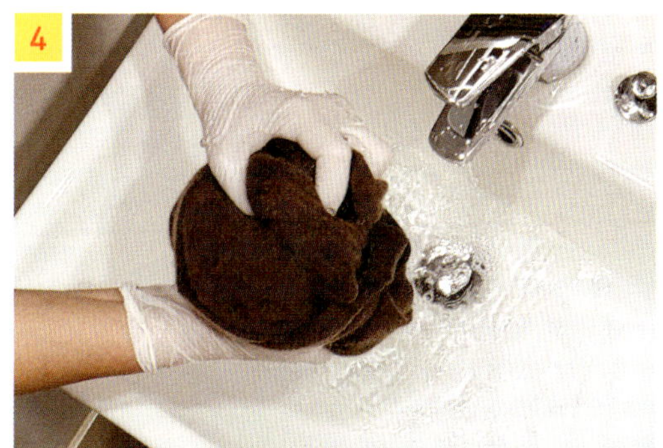

5 그 상태로 2~3회 헹굽니다.

6 니트나 목도리를 망에 넣고 세탁기로 약하게 탈수합니다.

7 물기가 남아 있을 때 스팀다리미로 구김을 펴줍니다.

8 양모 브러시로 결 따라서 빗어줍니다.

 # 줄어든 니트 늘리는 법

## 준비물

린스 또는 트리트먼트  30ml

## 세탁 방법

1  뜨거운 물에 린스를 넣고 잘 풀어줍니다.

2  **1**에 줄어든 니트를 넣습니다.

3  니트를 손으로 쭉쭉 늘려줍니다.

4  세탁기에 넣고 5분 정도 탈수합니다.

5  스팀다리미로 스팀을 분사하여 니트를 늘려줍니다.

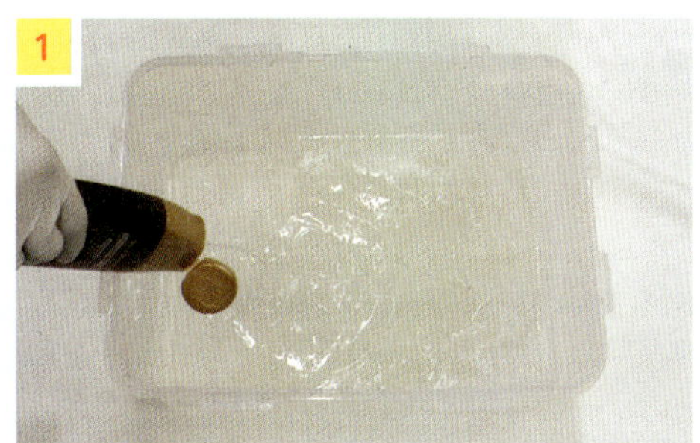

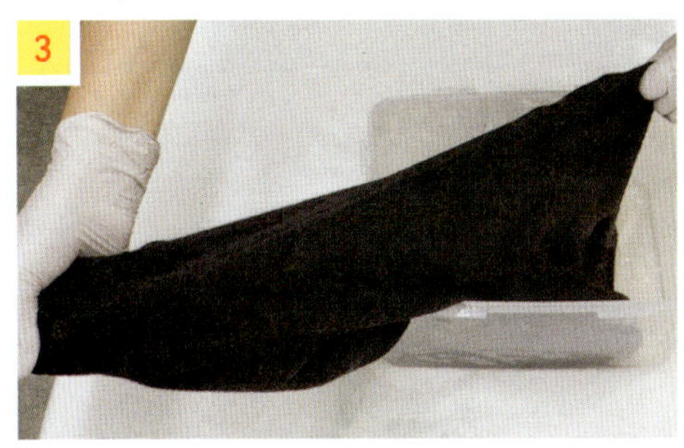

## ■ 레깅스/스타킹 세탁법

### 준비물

**물 온도**  30도 미만

20분

중성세제 10ml

베이킹소다 100g

레몬 1/4개 또는 식초 30ml

### 세탁 방법

1   세탁할 옷을 색깔별로 분류하고 뒤집어줍니다.
    └ 스타킹과 레깅스는 세탁망에 넣어주세요.

2   세탁기에서 제일 짧은 세탁 코스로 선택합니다.

3   헹굴 때 섬유유연제 대신 레몬 또는 식초를 넣습니다.

4   세탁기로 탈수 후 햇볕이 없고 통풍이 잘되는 곳에서 건조합니다.

1 오염 부분을 손으로 비벼 애벌빨래합니다.

2 물(30도)에 중성세제를 풀어 속옷을 담급니다.

3 물속에서 살살 주물러 때를 빼고 헹굽니다.

4 물기를 짠 후 말립니다.

5 세탁기에 넣고 약하게 탈수합니다.



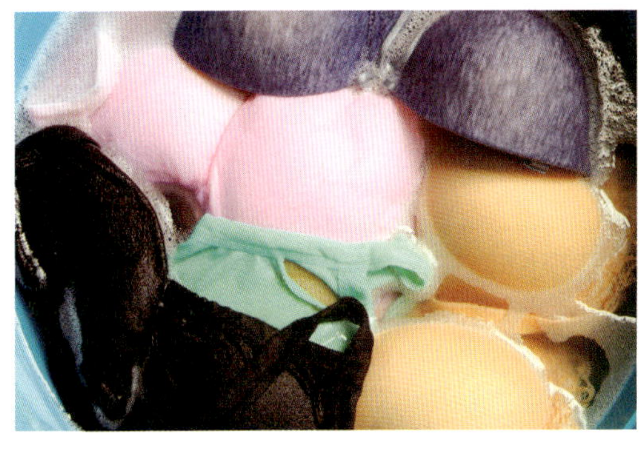

1 물(30도)에 중성세제를 풀어 브래지어를 담급니다.

2 물속에서 문질러 때를 제거하고 헹굽니다.

3 패드에 스민 세제까지 잘 빠지면 마른 수건으로 감싸 물기를 뺍니다.

4 세탁기에 넣고 약하게 탈수합니다.

1 찬물에 중성세제를 풀어 스포츠 브래지어를 담급니다.

2 물속에서 문질러 때를 제거하고 헹굽니다.

3 패드에 스민 세제까지 잘 빠지면 마른 수건으로 감싸 물기를 뺍니다.

4 세탁기에 넣고 약하게 탈수합니다.

## ■ 내의 세탁법

1  물(30도)에 중성세제를 풀어 담급니다.

2  물속에서 살살 주물러 때를 제거하고 헹굽니다.

3  물기를 짜고 말립니다.

4  세탁기에 넣고 약하게 탈수합니다.

## ■ 넥타이 세탁법

1  중성세제를 물(30도)에 풀어 넥타이를 담급니다.

2  부드러운 솔로 넥타이를 살살 닦아줍니다.

3  세제가 빠질 때까지 펴놓고 물을 뿌려 헹굽니다.

4  넥타이를 똑바로 편 채로 그늘에 두어 말립니다.

5  세탁기에 넣고 약하게 탈수합니다.

**주의하세요!**

실크 넥타이는 세탁하면 안 됩니다.

## ■ 하얀 면 양말 세탁법

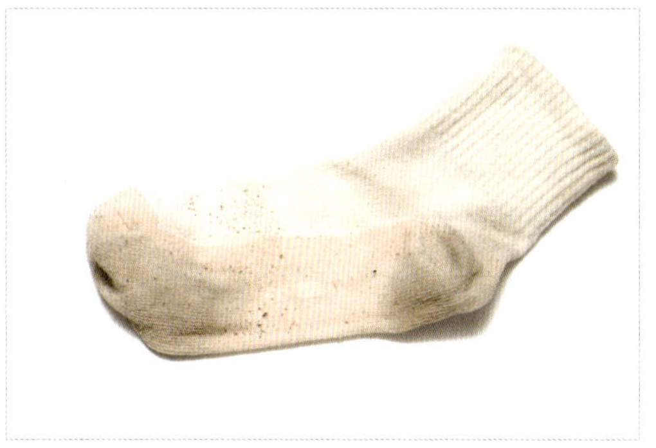

1  끓는 물에 레몬 껍질 두세 조각을 넣습니다.

2  누렇게 변한 흰 양말을 넣어 삶아줍니다.

3  양말이 하얗게 되면 열기를 식힌 후 꺼내서 물기를 짭니다.

4  세탁기에 넣고 약하게 탈수합니다.

# 드럼 세탁기 깨끗하게 관리하는 법

세탁기도 오래 쓰다 보면 내부에 먼지가 쌓이고 세탁 후 세탁물에 냄새가 남기도 합니다. 세탁기도 깨끗이 청소해야 더 상쾌하게 세탁할 수 있습니다.

### 드럼 세탁기 청소하는 법

① 세제 투입구 안의 세제 통을 분리합니다.

② 세제 통을 빼고, 투입구 속의 세제 찌꺼기를 마른 걸레로 닦아냅니다.

③ 세제 통을 베이킹소다를 푼 물에 담근 후 칫솔로 문지릅니다.

④ 깨끗이 헹군 후 물기를 털고 잘 말립니다.

⑤ 세탁기 입구의 고무 패킹을 뒤집은 후 면봉을 이용해 먼지를 닦아냅니다.

⑥ 세탁기 왼쪽 아래 필터를 꺼내 먼지와 불순물을 제거합니다.

⑦ 세탁조 청소 세제를 넣고 통세척을 합니다.

# 트렌치코트 찌든 때 제거하기

## 집에서 쉽고 간단하게 트렌치코트를 세탁해요!

**20분**

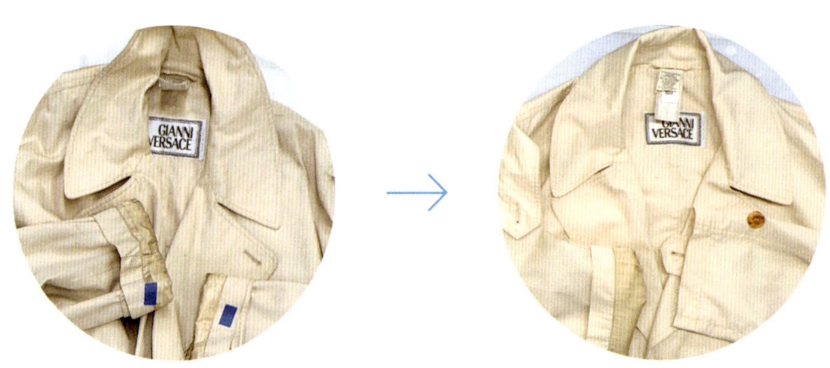

**준비물**

| | |
|---|---|
| 칫솔 | 1개 |

**물 온도** `40~50도`

베이킹소다 | 냄새 제거   200g

중성세제 | 침투제 (필요에 따라 조절)

PB-1 | 찌든 때 제거   30ml

**주요 소재**

폴리에스테르, 텐셀, 나일론, 면

**이렇게 해보세요!**

**트렌치코트 홈세탁을 추천하지 않는 이유**

- 트렌치코트, 특히 면 100% 원단의 코트라면 가정에서 세탁할 수는 있지만 다림질이 까다롭습니다. 세탁만 집에서 진행하고 주변 세탁소에 다림질만 따로 의뢰해도 됩니다.

▶ 영상으로 더 쉽게
알아보세요!

## 세탁 방법

1 목이나 소매 등 찌든 때가 있는 부분을 칫솔에 중성세제를 묻혀서 문질러줍니다.

2 오래된 기름때가 있는 경우, PB-1을 묻히고 살짝 비벼줍니다.(기름 녹이기)

3 물에 베이킹소다와 PB-1을 넣은 후, 트렌치코트를 담그고 얼룩이 있는 부분 위주로 비비면서 5분 정도 담급니다.

뒷장에 계속 →

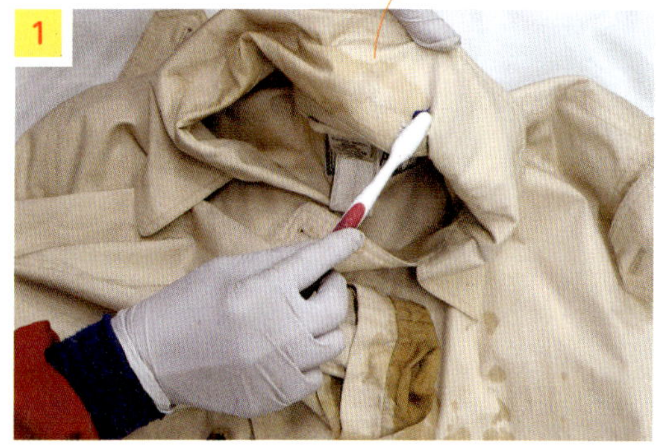


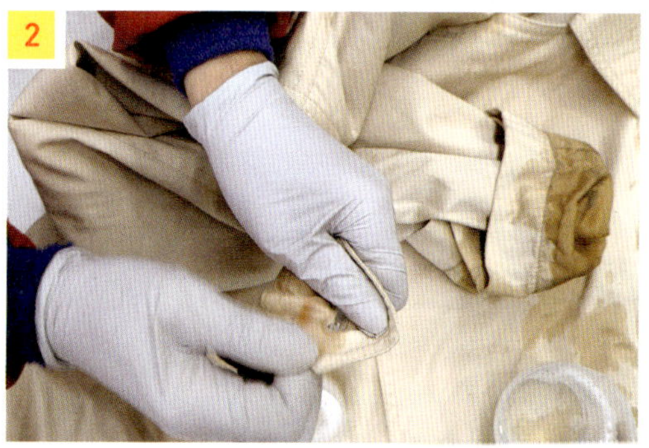

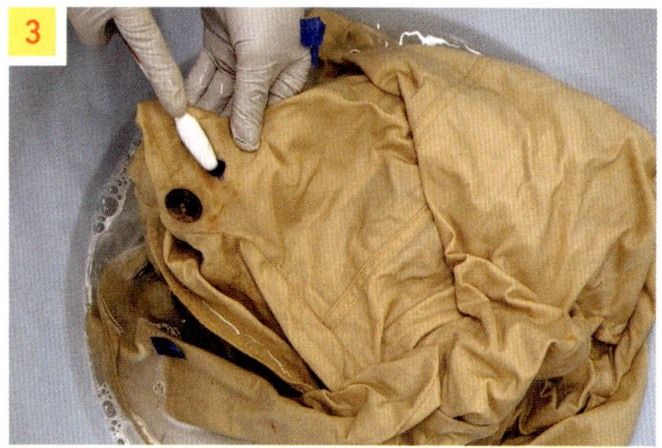

4   세탁 후 손으로 2~3회 헹구거나 세탁기에 넣어 헹굼 코스로 돌리
    고 탈수합니다.

5   탈수 후 건조기로 20분 정도 건조합니다. 자연 건조해도 됩니다.

6   건조가 끝나면 안쪽부터 먼저 재봉선을 늘려가면서 골고루 다려
    줍니다.

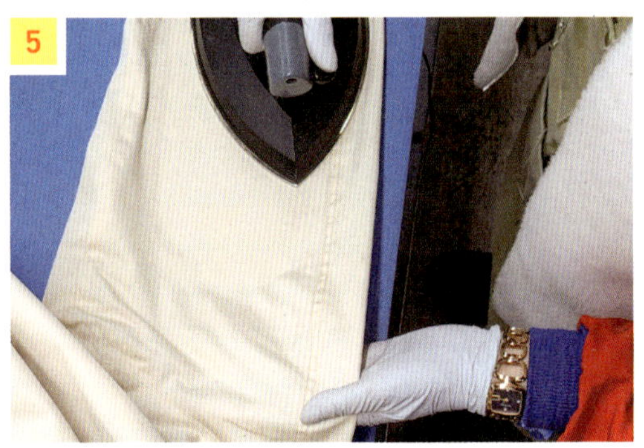



팁!
마지막으로 헹굴 때 풀을 넣어보세요.(풀 만드는 법
117쪽 참고) 풀을 먹이면 옷에 탄력이 생겨서 구김도
덜 가고 다림질하기 좋습니다.

# 드라이클리닝 VS 웨트클리닝(물세탁)

### 냄새 제거에는 웨트클리닝이 필수!

보통 트렌치코트는 세탁소에 드라이클리닝을 맡기는 경우가 많은데, 드라이클리닝으로는 수용성 얼룩, 땀 냄새, 곰팡이 냄새, 황변 등은 제거하기가 어렵습니다. 그래서 세탁소에 드라이클리닝을 맡겨도 꿉꿉한 냄새가 나거나 얼룩이 남아 있기도 합니다. 이런 경우는 가정에서 물세탁으로 문제를 해결할 수 있습니다.

면이나 울, 캐시미어, 아세테이트 소재의 트렌치코트나 안감이 있다면 가정에서 다림질이 어렵기 때문에 세탁소에 맡기는 걸 추천하고, 폴리에스테르 혼방, 면 혼방이나 나일론 등은 가정에서 물세탁 하는 것을 추천합니다.

### 꼭 드라이클리닝을 맡겨야 하는 옷은?

기름때, 화장품, 유성 매직 등 유용성 성분의 오염은 기름을 사용해 지워야 합니다. 드라이클리닝은 물 대신 유기용제를 사용해 세탁하기 때문에, 기름을 이용해 지워야 하는 얼룩이 생겼을 때는 드라이클리닝을 맡기는 걸 추천합니다.

# 린넨 재킷 세탁법

## 여름철 린넨 재킷 손상 없이 깨끗하게!

**10분**

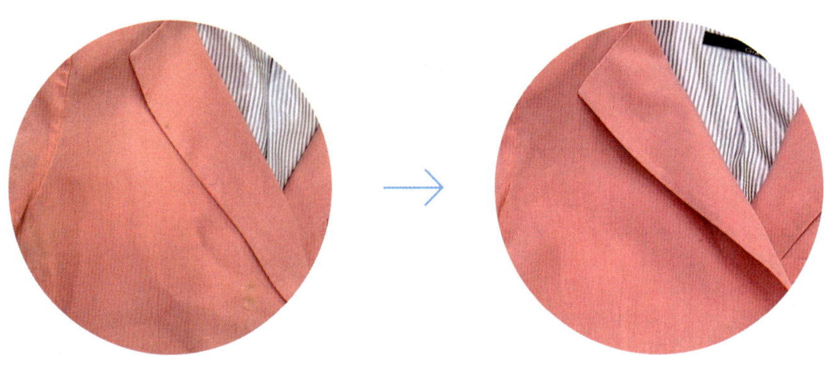

### 준비물

| 물 온도 | 40도 |
| --- | --- |

| 과탄산소다 | 표백 | 50g |
| --- | --- | --- |
| 베이킹소다 | 냄새 제거 | 100g |
| 중성세제 | 침투제 | 5ml |
| 구연산 | 중화 | 5~10ml |

### 주요 소재

린넨, 면

### 이렇게 해보세요!

- 색이 있는 의류는 과탄산소다의 양을 평소보다 줄이세요.

1  중성세제와 과탄산소다, 베이킹소다를 물에 풀어 오염이 심한 부위를 먼저 담급니다.

2  5~10분이 지나면 전체를 담급니다.

3  린넨 재킷을 살살 주물러줍니다.

4  세제가 빠질 때까지 헹굽니다.

5  물기를 약하게 빼고 그늘에 말립니다.

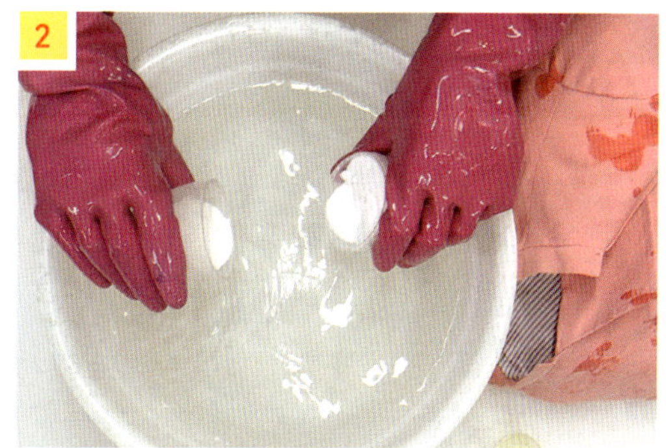

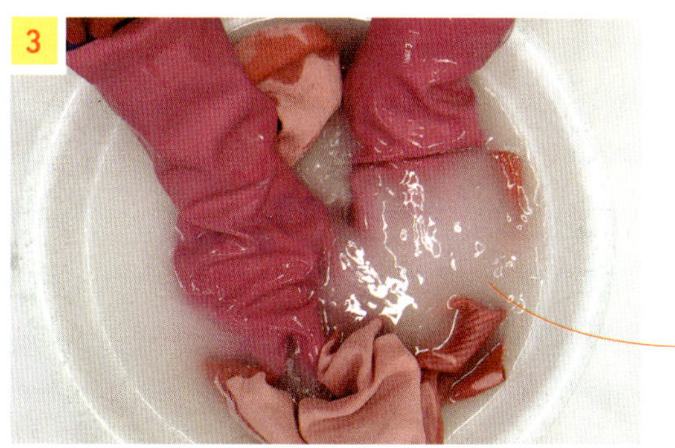

# 패딩 세탁법

## 집에서 쉽고 간단하게 패딩 세탁하기!

**1시간**

세탁기 '일반' 코스 사용

### 준비물

| 물 온도 | 30도 |
| --- | --- |

중성세제 ∣ 침투제(필요에 따라 조절)

| 고무장갑 | 1개 |
| --- | --- |
| 세탁솔 | 1개 |

### 주요 소재

폴리에스테르, 나일론, 면

### 이렇게 해보세요!

- 코팅이 된 패딩에 유성(아세톤, 시너) 계열 세제를 사용하면 코팅이 벗겨지니 주의하세요.

- 패딩에 묻은 음식물이나 기름 얼룩 등은 중성세제로 제거가 안 되면 PB-1 세제를 사용해 제거합니다. 다만, 구스 패딩에는 염기성 세제가 스며들면 충전재가 손상되니 패딩 겉면의 얼룩만 제거한 후 세탁해 주세요.

▶ 영상으로 더 쉽게
알아보세요!

## 세탁 방법

1  목, 소매, 주머니 등 오염 부위를 찾습니다.

2  부드러운 세탁솔에 중성세제를 묻혀서 오염 부위를 살살 문지릅니다.

3  넓은 부위라면 고무장갑을 활용해서 넓게 문지릅니다.

뒷장에 계속 →

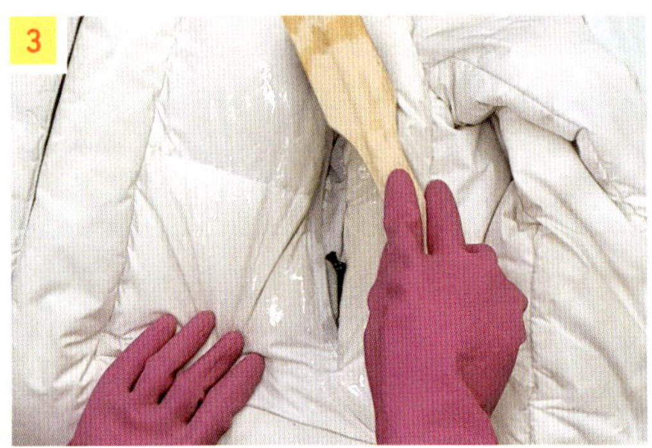

**팁!**

충전재가 뭉쳐 있으면 패딩을 두드리면서 충전재를 펴줍니다. 충전재가 많이 뭉친 부분은 꼬집듯이 떼어내 주세요.

4 세탁기 '일반' 코스로 세탁합니다.
   └ 온도 30도, 헹굼 3회, 탈수 강

5 옷을 거꾸로 들어 털면서 뭉친 충전재를 풀어줍니다.

6 통풍 잘되는 곳에서 하루 정도 자연 건조합니다.

**이렇게 해보세요!**

- 탈수가 덜 되었으면 깨끗한 수건을 패딩 속에 넣어서 다시 탈수해 주세요.
- 소매 끝에 헤어드라이어를 대어 바람으로 건조를 시켜도 됩니다.

# 골프웨어 종류별 세탁법

### UV(자외선) 차단, 형광 소재

UV 차단 소재나 형광이 들어간 골프웨어는 드라이클리닝을 하거나 표백제를 사용하면 UV 차단 기능이 떨어지거나 물 빠짐이 일어날 수 있어서 찬물에서 중성세제를 이용해서 가볍게 손세탁해야 합니다.

### 스트레치, 냉감 소재

신축성이 있는 스트레치나 냉감 소재의 골프웨어는 폴리우레탄 소재가 많이 사용되는데, 드라이클리닝을 맡기면 탄성이 떨어집니다. 표백제를 사용하면 색 빠짐이 일어날 수 있어서, 찬물에서 약산성 세제를 이용해서 목, 소매 위주로 비벼서 세탁하고 단시간에 전체적으로 세탁하고 헹궈줍니다.

> **팁!**
> 약산성 세제 만들기 : 중성세제 2ml+구연산 5g (물 4L 기준)

### 고어텍스, 다운 소재

고어텍스나 다운 소재는 드라이클리닝 시 발수 기능이 저하되고, 수지가공이 탈락되어 옷감이 손상될 수 있습니다. 찬물에서 울 샴푸 또는 고어텍스·다운 전용 세제를 풀어 손세탁하고, 부피가 크면 세탁기로 세탁해도 됩니다.

> **팁!**
> 다운 소재인데 울, 모피, 가죽 부분이 있다면 드라이클리닝을 맡겨주세요.

# 털은 어떻게 세탁해야 할까요?

겨울철에 입는 외투에는 대부분 털이 붙어 있습니다. 털은 물세탁을 하면 유분이 빠져나가서 딱딱해집니다. 털은 물세탁을 하면 안 되고, 드라이클리닝이나 건식 세탁을 해야 합니다.

### 드라이클리닝이나 건식 세탁이 가능한 곳

| 드라이클리닝 | 건식 세탁 |
| --- | --- |
| 전문점 | 전문점 / 가정 |

## 털을 탈부착할 수 있다면?

목이나 소매처럼 피부와 직접 닿는 부분에 부착된 털이라면 외투를 세탁할 때마다 함께 세탁해 주세요.

모자에 부착된 털이라면 특별한 오염이 있는 경우를 제외하고 2~3년 주기로 세탁하면 됩니다.

### 가정에서 털 건식 세탁하는 법

① 분무기에 물 90ml, 에탄올 10ml, 중성세제 1ml를 섞어서 잘 흔들어주세요.

② ①을 털에 살살 뿌려주고 깨끗한 수건으로 2~3회 닦아주세요.

③ 헤어드라이어(찬바람)로 잘 말려주세요.

팁!

주의! 세제를 너무 많이 분무하지 말고 거리를 두고 가볍게 뿌려주세요.

## 털을 탈부착할 수 없다면?

세탁 전문점에 맡겨서 드라이클리닝을 해야 합니다. 전문점에서는 털을 세탁할 때 모피 전용 세제를 넣고 드라이클리닝을 한 후 광택제를 넣어서 털에 윤기가 나게 관리해 줍니다.

# 과일이나 김치 얼룩 제거하기

## 토마토, 포도 등 타닌계 얼룩 제거

**10~15분**

**준비물**

| 물 온도 | 50도 |
| --- | --- |

※면은 물 온도 50도로, 폴리에스테르,
  나일론 등 혼방 소재는
  물 온도 40도로 세탁해 주세요.

과탄산소다 | 표백          100g

중성세제 | 침투제          5~10ml

식초 | 얼룩 제거          100ml
  └ 필요에 따라 추가

구연산 | 중화          10g

칫솔          1개

**주요 소재**

폴리에스테르, 나일론, 면 등

**이렇게 해보세요!**

· 색이 들어간 옷은 탈색될 수 있으니 세탁할 때 주의가 필요합니다.

## 세탁 방법

1  타닌계 얼룩에 식초를 뿌려줍니다.

2  칫솔로 가볍게 두드리거나 문질러줍니다.

3  옷이 하나 잠길 정도의 물에 중성세제와 과탄산소다를 넣어줍니다.

4  옷을 물에 담가주고 뒤적거려줍니다.
   └ 얼룩에 따라 최대 15분

5  옷의 소재에 따라 알맞게 세탁기를 설정한 후 세탁합니다.

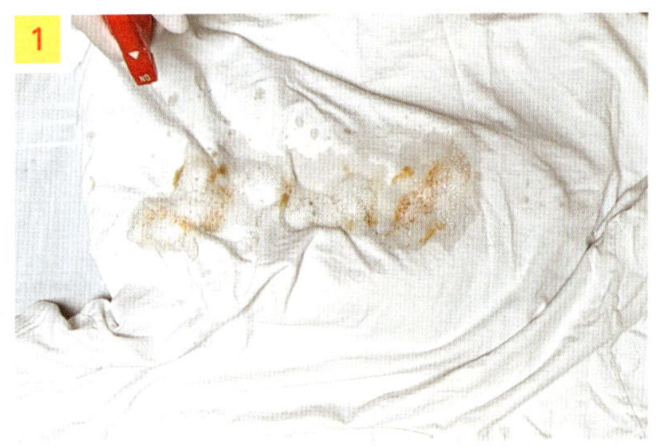

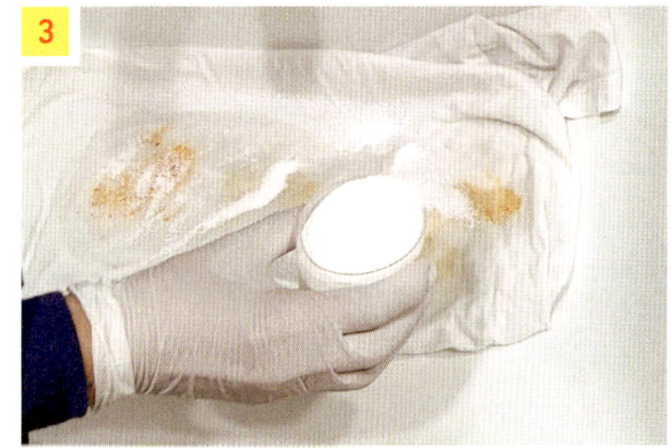

팁!

얼룩이 덜 빠지면, 세제나 물 온도, 시간을 늘려서 반복 세탁하세요. 김치 얼룩이 희미하게 남았다면, 햇볕에 말려주면 없어집니다.

# 커피나 과일 얼룩 제거하기

## 곤란한 생활 얼룩 말끔히 없애기!

20분

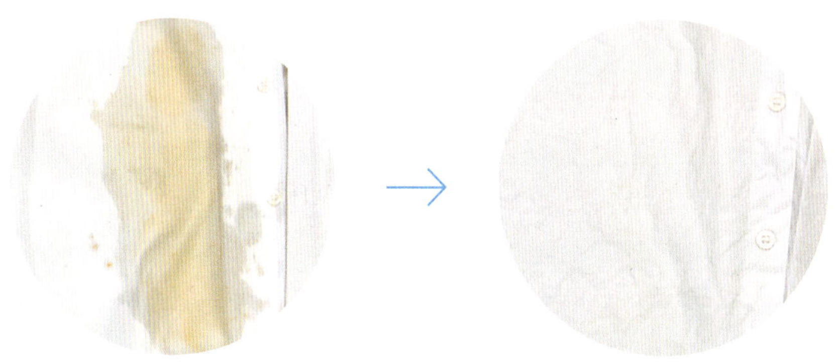

**준비물**

| 물 온도 | 40~50도 |
|---|---|

| 식초 \| 얼룩 제거 | 50ml |
| 중성세제 \| 침투제 | 5~10ml |
| 과탄산소다 \| 표백 | 100g |
| 칫솔 | 1개 |

**주요 소재**

폴리에스테르, 나일론, 면 등

## 세탁 방법

1   식초와 중성세제를 섞습니다.

2   얼룩 부위에 **1**을 바르고 칫솔로 살살 문질러줍니다.

3   옷 하나 잠길 정도의 물에 과탄산소다를 넣어 풀어줍니다.

4   **3**에 얼룩이 심한 부분을 먼저 담근 후 주물러줍니다.

5   옷 전체를 10분 정도 담근 후 뒤적거려줍니다.

6   옷의 소재에 따라 알맞게 세탁기를 설정한 후 세탁합니다.

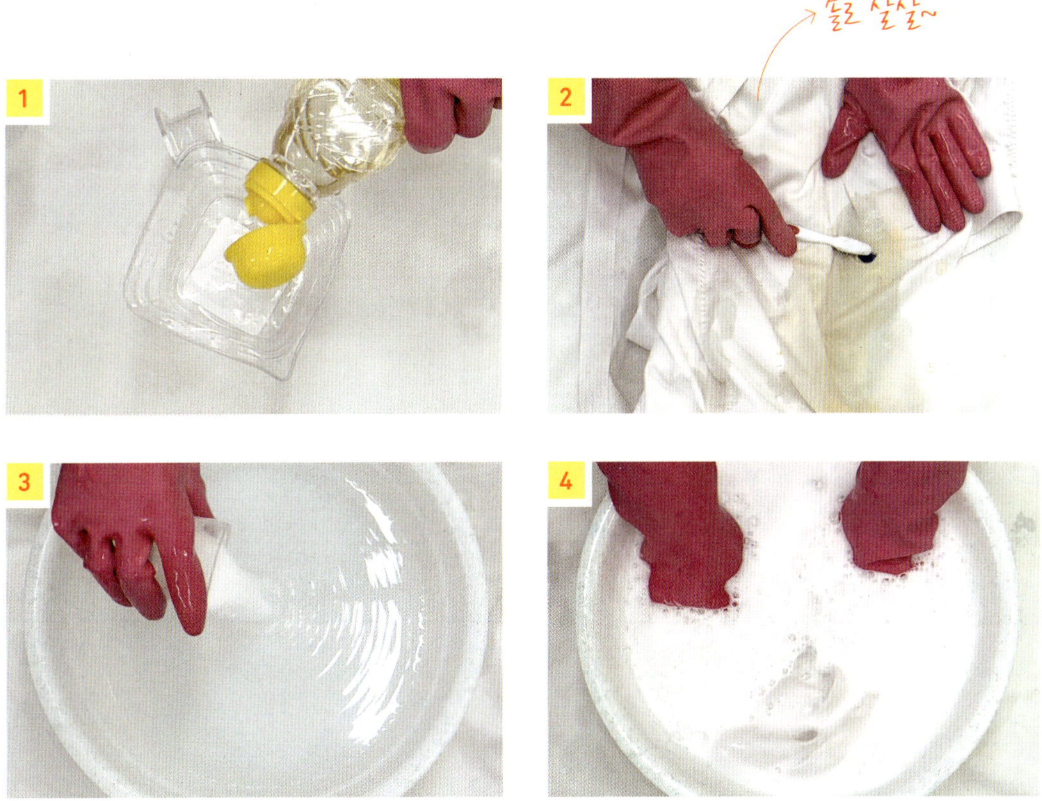

# 세제의 역사, 잿물에서 합성 세제까지
## 세제의 변천사

더러운 것을 보면 깨끗하게 만들고 싶은 것은 인간의 본능입니다. 그래서 몸이 더러우면 목욕을 하고, 옷이나 신발이 더러우면 세탁을 합니다.

세제는 기원전 3800년 바빌로니아부터 사용한 것으로 추정합니다. 고대 메소포타미아에 살던 수메르인은 동물 기름과 나무의 재를 끓여서 비누처럼 사용했고, 우리 선조들은 잿물이나 삭힌 소변을 이용해 세탁을 했습니다. 과연 고대 수메르인과 우리 선조들의 방법으로 옷을 깨끗하게 세탁할 수 있었을까요?

잿물은 주성분이 탄산칼륨($K_2CO_3$)으로 알칼리성 물질이며, 삭힌 소변에도 알칼리성 물질인 암모니아가 함유되어 있습니다. 결국 알칼리성 물질로 단백질을 녹이는 성질을 활용해 세탁을 한 것입니다. 잿물 자체로는 기름때

를 빼는 것이 어렵지만 잿물과 기름 성분을 섞었을 때는 비누의 역할을 하기 때문에 기름때 제거가 가능합니다.

1791년 프랑스 화학자 '니콜라스 르비앙'은 잿물이 아닌 일반 소금으로 잿물의 역할을 하는 '가성소다'를 만드는 데 성공했습니다. 이를 통해 대규모 비누 생산이 가능해졌으나 제1차 세계대전 당시 식량이 부족해지자 비누의 원료인 동물성 지방을 구하기 힘들게 되었습니다. 비누의 대용품으로 석유에서 얻은 물질로 만든 합성 세제가 개발되었습니다.

동·식물의 지방 성분에서 추출한 천연유지가 주원료인 비누는 미생물에 의해 분해되는 반면에 석유를 원료로 사용하는 합성 세제는 미생물에 의한 분해가 어렵습니다. 그렇기 때문에 최근에는 환경오염을 일으킬 수 있는 합성 세제를 사용하기보다는 친환경 세제로 알려진 과탄산소다나 베이킹소다, 구연산을 사용하는 사람들이 늘어나고 있습니다.

# 과탄산소다, 찬물에 사용해도 될까요?
## 표백에 효과적인 과탄산소다 올바르게 사용하기

과탄산소다는 산소계 표백제로 물과 만나면 활성산소가 발생합니다. 활성산소는 산화작용을 일으켜 찌든 때의 주성분인 단백질을 제거하며 표백 효과를 냅니다.

그러나 과탄산소다는 찬물에서는 잘 반응하지 않기 때문에 40도 이상의 물과 함께 사용해야 합니다. 찌든 때가 심하면 물 온도를 더 높여도 됩니다. 특히 높은 온도의 물에 과탄산소다를 넣으면 황변을 제거하는 데 효과적입니다.

찬물에 과탄산소다를 풀어서 옷을 오랫동안 담그면 이염이나 수축, 탈색의 위험이 있기 때문에 추천하지 않습니다. 세탁은 온도와 시간, 세제의 3박자가 맞아야 합니다. 과탄산소다의 경우 물 온도를 높이고 시간을 줄여서 원단 손상을 최소화시켜 단시간에 표백하는 것이 가장 좋습니다.

# 2장

집에서 간단하게!

## 신발, 침구, 인형 세탁법

# 흰 가죽 운동화 세탁법

눈과 비 얼룩을 말끔하게 지운다!

5분

## 준비물

**물 온도** 25~30도

※고온에 알칼리성 세제를 사용하면
  가죽이 손상될 수 있습니다.

| | | |
|---|---|---|
| 구연산 \| 가죽 보호 | | 30ml |
| 중성세제 \| 침투제 | | 5~10ml |
| 스펀지 | | 1개 |
| 수건 | | 1개 |
| 신문지 (필요에 따라 조절) | | |

▶ 영상으로 더 쉽게
알아보세요!

## 세탁 방법



1  신발이 잠길 만큼의 물을 준비합니다.

2  **1**에 구연산과 중성세제를 넣어줍니다.

3  **2**에서 준비한 세제물로 운동화를 샤워하듯이 닦아줍니다.

4  스펀지로 가죽 부분을 살살 닦아줍니다.
   └ 너무 박박 문지르면 안 됩니다.

5  신발 안쪽, 깔창, 밑창도 스펀지로 닦아줍니다.

뒷장에 계속 →

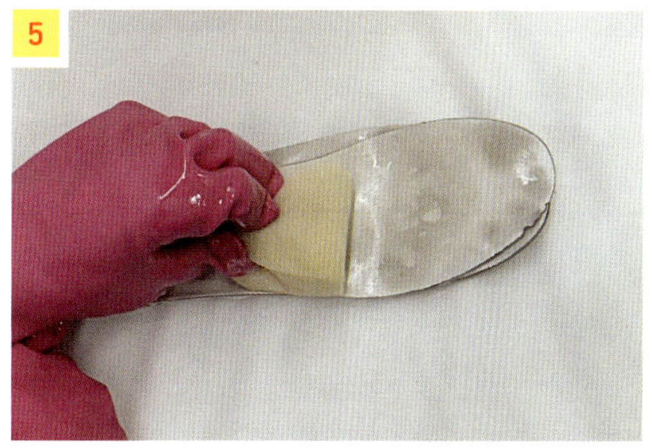

6    운동화 전체를 찬물로 헹궈줍니다.

7    마른 수건으로 물기를 닦습니다.

8    신문지를 구겨 신발에 넣고 건조합니다.

     └ 1~2시간이 지나 신문지가 축축해지면 신문지를 교체하세요.

## 이렇게 해보세요!

· 운동화 끈은 과탄산소다를 넣은 뜨거운 물에 담가 잠깐 불린 후,
　비누를 묻혀서 양파망에 넣고 비벼주면 손쉽게 세탁할 수 있습니다.

# 여름철 가죽 신발 관리법

## 장마철 비에 젖은 가죽 신발 관리법

가죽 신발이 비에 젖었을 때는 마른 헝겊으로 물기를 깨끗하게 닦고 그늘에 완전히 건조시켜 주세요. 비에 젖은 채로 두면 곰팡이가 생기고 가죽이 수축되어 모양과 색상이 변할 수 있습니다. 신발 안쪽에 신문지나 종이를 구겨 넣어주면 물기를 빠르게 제거할 수 있습니다. 제습기, 선풍기, 헤어드라이어(찬바람)로 건조해 주세요.

장마철에는 가죽 신발을 신고 나가기 전에 신발용 방수 스프레이를 사용하면 좋습니다. 건조한 가죽 신발에 가죽 로션을 발라 덧칠하면 좋은 상태로 오래 신을 수 있습니다.

## 여름철 가죽 신발 냄새 관리법

여름철에 신발을 오래 신으면 땀이 밑창에 그대로 흡수되거나 발바닥 부분에 오래 남아 곰팡이가 생깁니다. 곰팡이로 인해 특유의 불쾌한 냄새가 납니다. 가죽 신발 속에 냄새 제거에 효과적인 녹차 티백이나 커피 가루 등을 얇은 천으로 싸서 이틀 정도 놓아두면 좋습니다.

# 스웨이드 신발 세탁법

눈과 비 얼룩을 말끔하게!

5분

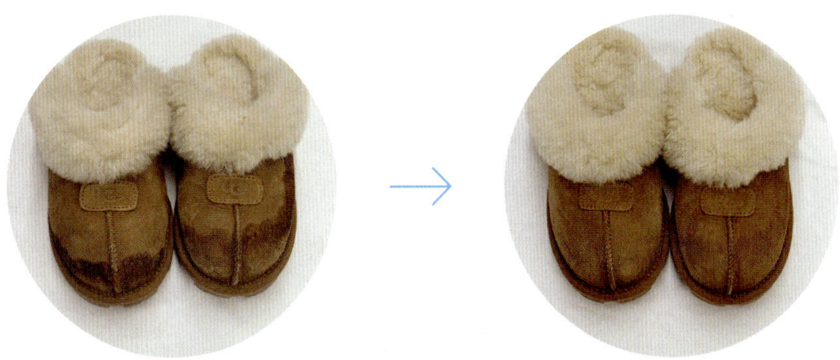

## 준비물

**물 온도**    찬물

※고온에 알칼리성 세제를 사용하면
 가죽이 손상될 수 있습니다.

| | | |
|---|---|---|
| 구연산 \| 물 빠짐 방지 | 30ml |
| 중성세제 \| 침투제 | 5ml |
| 세탁솔 | 1개 |
| 수건 | 1개 |
| 신문지 (필요에 따라 조절) | |

# 세탁 방법

1. 신발이 담길 정도의 물을 준비합니다.

2. **1**에 구연산, 중성세제를 넣어줍니다.

3. **2**에 신발을 넣고 5분 정도 담금 처리합니다.

4. 세탁솔로 스웨이드 부분을 살살 닦아줍니다.
   └ 너무 박박 문지르면 안 됩니다.

5. 신발 안쪽, 깔창, 밑창도 세탁솔로 닦아줍니다.

6. 운동화 전체를 찬물로 헹궈줍니다.

7. 마른 수건으로 물기를 닦습니다.

8. 구겨진 신문지를 신발에 넣어서 건조합니다.
   └ 1~2시간 지나서 신문지가 축축해지면 신문지를 교체하세요.

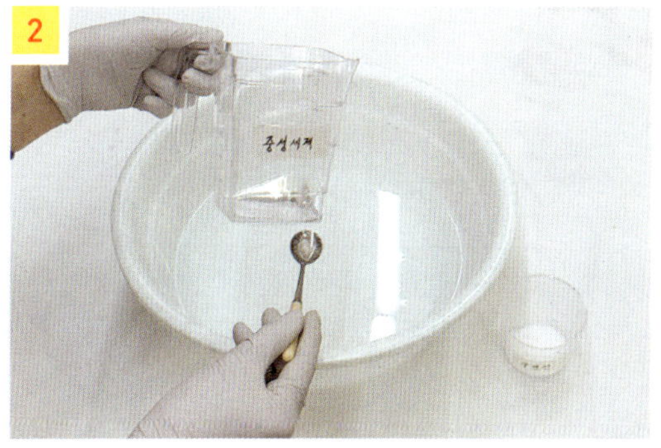

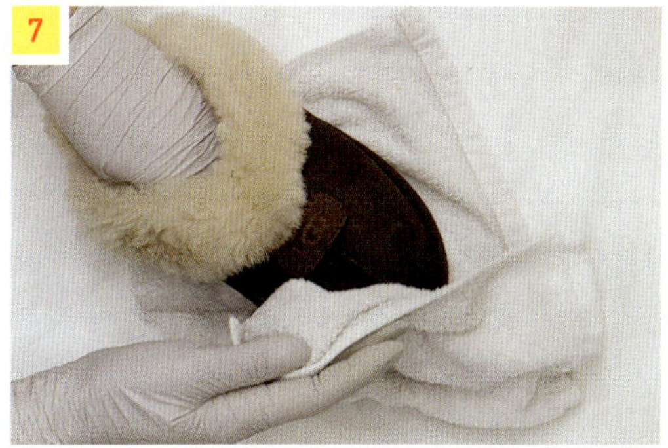

팁!
스웨이드는 가죽보다 더 조심스럽게 닦아주세요.
따로 세제를 묻히지 않아도 됩니다.

# 하얀 면 운동화·메시 운동화 세탁법

안 쓰는 밀폐 용기를 이용해 세탁하기

20분

## 준비물

물 온도　40도 미만

| | | |
|---|---|---|
| 과탄산소다 \| 표백 | 30ml |
| 베이킹소다 \| 냄새 제거 | 30ml |
| 중성세제 \| 침투제 | 5~10ml |
| 구연산 \| 중화 | 5~10ml |
| 안 쓰는 밀폐 용기(4L 이상) 1개 | |
| 마른 수건 | 1개 |
| 신문지 (필요에 따라 조절) | |

▶ 영상으로 더 쉽게
알아보세요!

## 세탁 방법

1  밀폐 용기에 물을 반 정도를 채워줍니다.

2  **1**에 베이킹소다와 과탄산소다, 중성세제를 모두 넣어줍니다.

3  운동화의 깔창을 분리해서 신발 바닥의 흙먼지를 털어줍니다.

4  **3**의 깔창과 운동화를 **2**에 담급니다.

뒷장에 계속 →

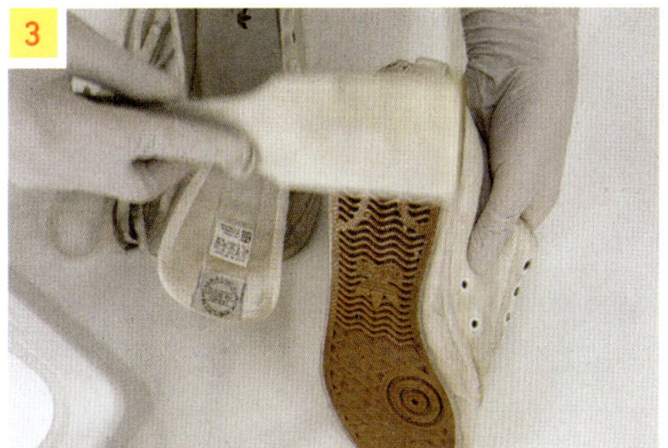

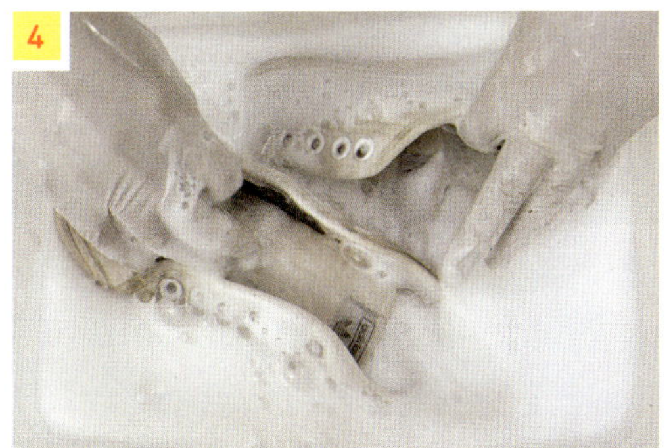

**5** 밀폐 용기 뚜껑을 닫고 1~2분 정도 상하좌우로 잘 흔들어줍니다.

└ 메시 재질은 솔로 문지르면 망가질 수 있습니다.

**6** 5분 정도 불립니다.

**7** 고무장갑이나 수세미로 운동화 밑창과 깔창 등을 닦아줍니다.

**8** 구연산을 넣은 찬물로 2~3회 잘 헹궈줍니다.

**9** 마른 수건으로 신발을 잘 감싸서 10분 정도 탈수합니다.

**10** 신발 안쪽에 신문지를 넣어서 건조합니다.

└ 1~2시간 지나서 신문지가 축축해지면 신문지를 교체하세요.

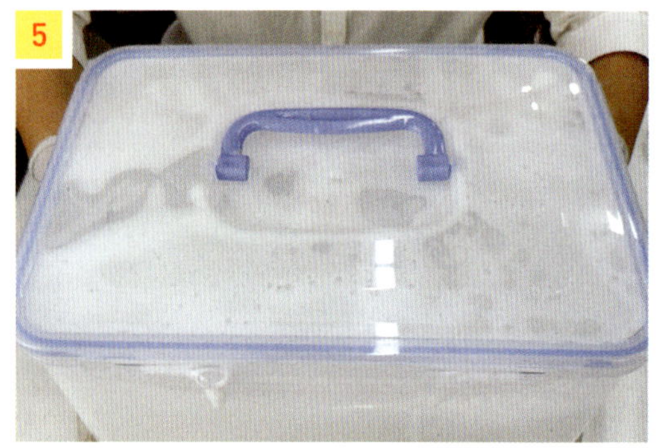

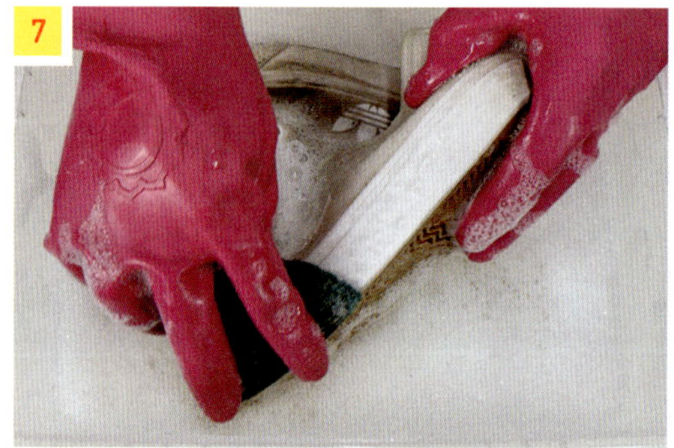

탑!

운동화 끈 세탁법은 68쪽을 참고하세요.

# 천연 탈취제 만드는 법
## 신발, 옷, 가구, 어디에나 사용 가능!

### 준비물

| 물 온도 | 찬물 |
| --- | --- |

| | |
| --- | --- |
| EM 원액 | 500ml |
| 에탄올 | 50ml |
| 아로마 오일 | 5방울 |
| 분무기 | 1개 |

### 만드는 법

1. 분무기에 에탄올과 EM 원액을 1:9 비율로 넣어 섞어줍니다.
2. EM 원액의 향이 싫으면 **1**에 아로마 오일을 넣어줍니다.
3. **2**를 잘 흔들어서 냄새 나는 곳에 뿌립니다.
   └ 모자 안쪽, 부츠 속, 구두 속, 신발장, 아이들 교복(모직)에도 사용 가능합니다.

> 팁!
>
> 냄새는 단백질 때문에 납니다.
> 시중에 판매하는 탈취제를 옷에 계속 뿌리면 옷이 뻣뻣해질 수 있습니다.

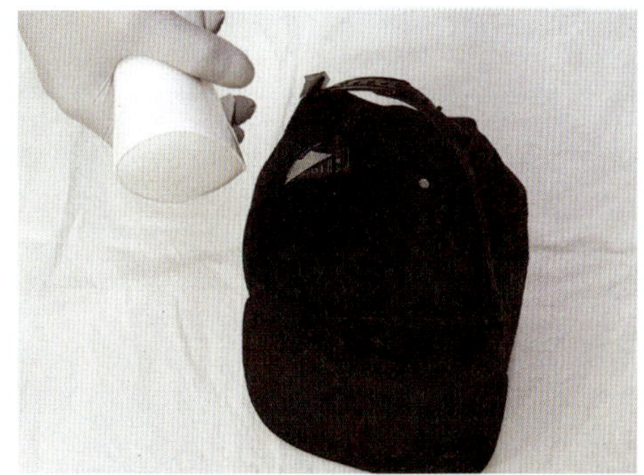

# 가죽 워커 세탁법

손쉽게 가죽 전용 세제 만들기

5분

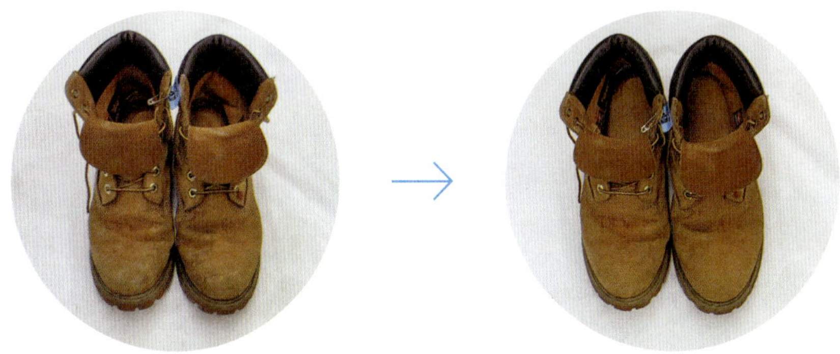

## 준비물

| 물 온도 | 찬물 |
| --- | --- |

| | |
| --- | --- |
| 물 | 100ml |
| 중성세제 \| 침투제 | 20ml |
| 구연산 \| 가죽 보호 | 20g |
| 알코올 \| 얼룩 제거 | 80ml |
| 분무기 | 1개 |
| 스펀지 | 1개 |
| 돈모 브러시 | 1개 |
| 마른 수건 | 1개 |

▶ 영상으로 더 쉽게
알아보세요!

## 세탁 방법

1 물에 중성세제, 구연산, 알코올을 섞어서 산성 세제를 만들어줍니다.

2 워커의 깔창과 신발 끈을 빼줍니다.

3 1의 산성 세제를 분무기에 넣고 가죽 워커에 뿌립니다.

4 물에 적신 스펀지로 워커를 가볍게 닦아줍니다.

뒷장에 계속 →

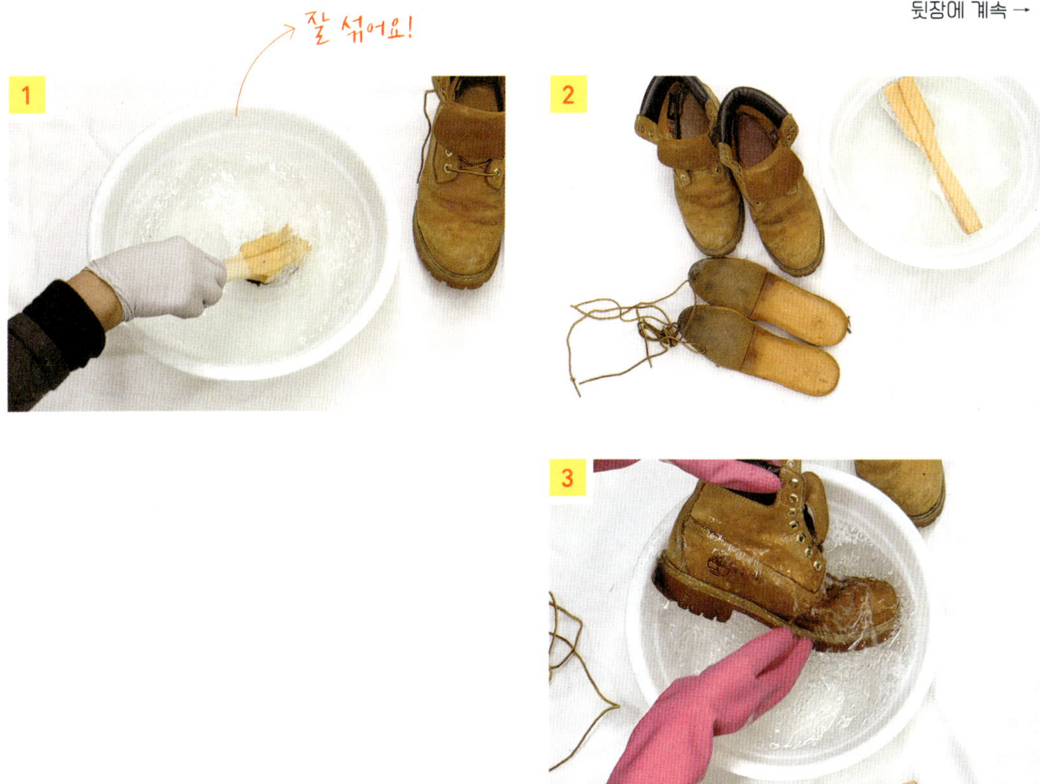

5 흐르는 찬물로 워커를 씻어줍니다.

6 세탁솔을 이용해 밑창과 깔창을 닦습니다.

7 마른 수건으로 가죽 워커 표면에 묻은 물기를 제거합니다.



마른 수건으로 물기를 제거한 다음 헤어드라이어를 이용해서 중간 세기 바람으로 말리면 더욱 빨리 건조됩니다.

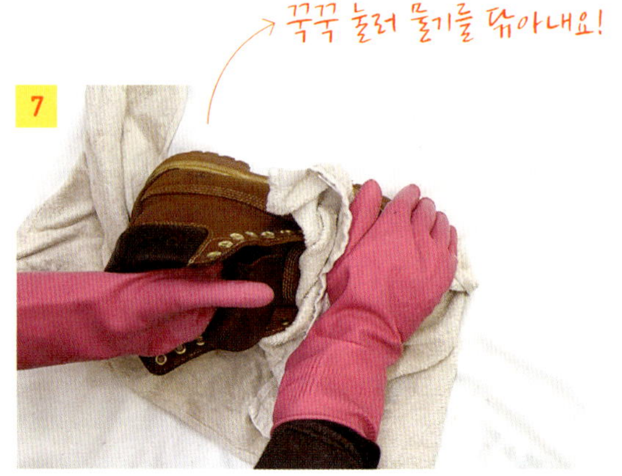

 # 스웨이드 신발 손질법

## 준비물

| | |
|---|---|
| 스웨이드 지우개 | 1개 |
| 발수제 | 1개 |
| 동 브러시 | 1개 |
| 스펀지 | 1개 |
| 실리콘 브러시 | 1개 |
| 물풀 | 1개 |
| 이쑤시개 | 1개 |

## 손질 방법

1  이쑤시개에 물풀을 묻혀서 상처가 난 부분에 묻힙니다.

2  실리콘 브러시로 오염 부분을 문질러서 없애줍니다.

3  동(신주) 브러시로 신발을 살살 문지릅니다.

4  스펀지로 신발 전체를 한쪽 방향으로 쓸어줍니다.

5  발수제를 충분히 흔들어서 전체적으로 뿌립니다.
   └ 환기가 잘되는 곳에서 뿌리세요.

6  헤어드라이어 중간 온도 바람으로 뜨겁지 않게 골고루 말려
   줍니다.

# 등산 배낭이나 캐리어 세탁하기

흙이나 먼지 없이 깨끗하게!

20분

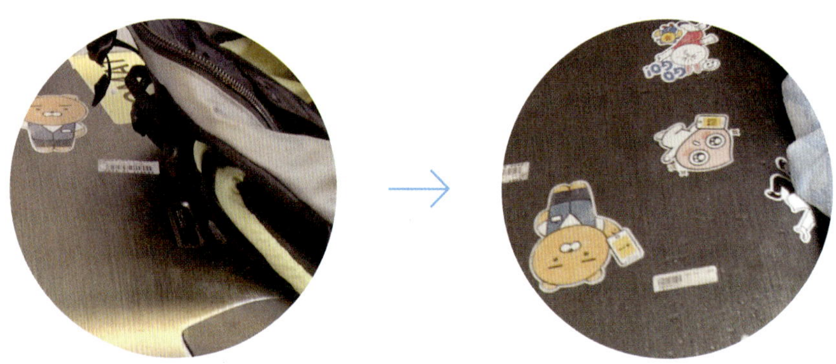

## 준비물

| 물 온도 | 30도 |
| --- | --- |

| 물 | 500ml |
| --- | --- |
| 중성세제 \| 오염 제거 | 10ml |
| 베이킹소다 \| 세척 | 100ml |
| 샤워 타월 | 1개 |
| 욕실 청소 스프레이건 | 1개 |
| 수건 | 1개 |

▶ 영상으로 더 쉽게 알아보세요!

## 세탁 방법



1  물에 중성세제와 베이킹소다를 넣어서 전용 세제를 만들어줍니다.

2  샤워기 헤드를 스프레이건으로 갈아 끼우고, 가방 전체에 물을 묻혀줍니다.

뒷장에 계속 →

3   샤워 타월에 **1**을 묻혀 오염 부위에 먼저 바르고 전체적으로 세제를 문질러줍니다.

4   2~3분 불린 후 샤워 타월로 캐리어를 솔질합니다.

5   스프레이건으로 겉에서 안쪽까지 수압을 이용해서 세척합니다.

6   욕조나 대야에 물을 받아서 식초를 넣고 가방을 헹굽니다.



세제 양이 너무 많으면 헹굴 때 거품이 많이 나와서 번거로울 수 있습니다.
스프레이건으로 세제가 남지 않도록 꼼꼼하게 세척해주세요.

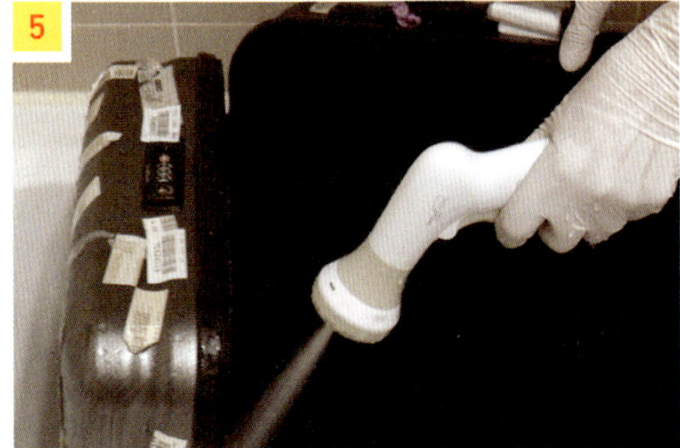

7    헹굼이 끝나면 수건으로 가방 안과 밖의 물기를 제거합니다.

8    욕조에 1~2시간 정도 가방을 거꾸로 세워 놓습니다.

9    물기가 어느 정도 빠지면 건조대에 거꾸로 세워 건조합니다.


욕실에서 너무 오래 말리면 냄새가 날 수 있습니다.

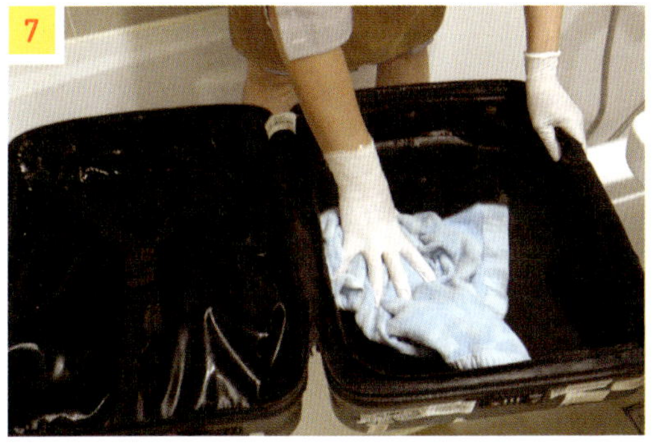

# 애착 인형 세탁하기

집에서 쉽게 인형의 얼룩을 없앤다!

5분

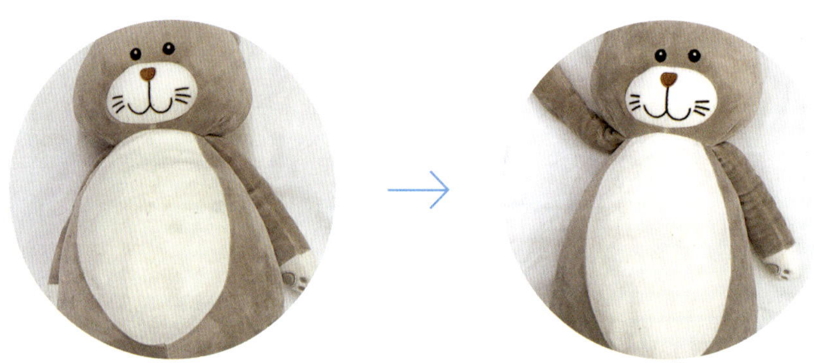

**준비물**

| 물 온도 | 40도 |
| --- | --- |

| 베이킹소다 | 살균 | 100g |
| 중성세제 | 세척 | 5~10ml |
| 구연산 | 냄새 제거 | 10g |

섬유유연제(식초) (필요에 따라 조절)

**이렇게 해보세요!**

• 인형에 얼룩이 심할 경우 과탄산소다를 넣어주세요.

## 세탁 방법

1  인형이 담길 정도의 물에 베이킹소다와 중성세제를 넣어줍니다.

2  인형을 1에 담그고 조물조물 손세탁합니다.

3  2~3회 정도 헹구고 마지막으로 헹굴 때 구연산을 넣습니다.

4  세탁기에서 강으로 탈수해주세요. 원하는 향이 있으면 섬유유연제를 넣고, 아니면 식초를 넣어줍니다.

5  탈수 후 건조기로 건조하거나 자연 건조를 합니다.

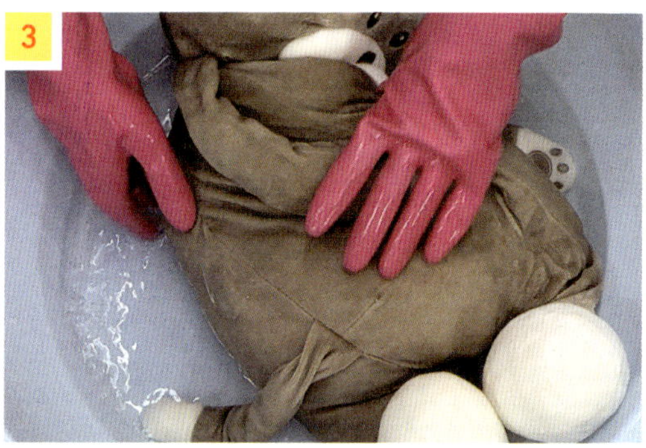

# 누렇고 냄새나는 베개 솜 세탁

## EM 비누으로 쉽게 베개 솜 세탁하기

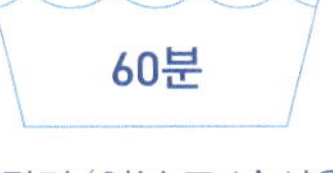


세탁기 '이불 코스' 사용

### 준비물

| 물 온도 | 60도 |
| --- | --- |

| EM 비누 ㅣ 세척 | 1개 |
| 과탄산소다 ㅣ 표백 | 200g |
| 스타킹 | 1개 |

### 이렇게 해보세요!

· EM 비누가 없으면 세탁기에 중성세제 2~3방울과 과탄산소다 1컵을 넣고 세탁해주세요.

## 세탁 방법

1  베개 표면에 전체적으로 물을 묻혀줍니다.

2  EM 비누를 베개 표면에 고르게 발라줍니다.

3  스타킹(고무줄, 운동화 끈 등 사용 가능)으로 베개 가운데나 1/3 지점을 묶어줍니다.

4  세탁기에 과탄산소다를 넣고 '이불 코스'로 세탁합니다.
　└ 물 온도 60도, 탈수 강으로 설정

5  세탁이 끝나면 스타킹을 풀고 전체적으로 두드려서 베개 솜을 펴줍니다.

6  건조기로 건조하거나 빨래 건조대에 놓고 자연 건조를 합니다.

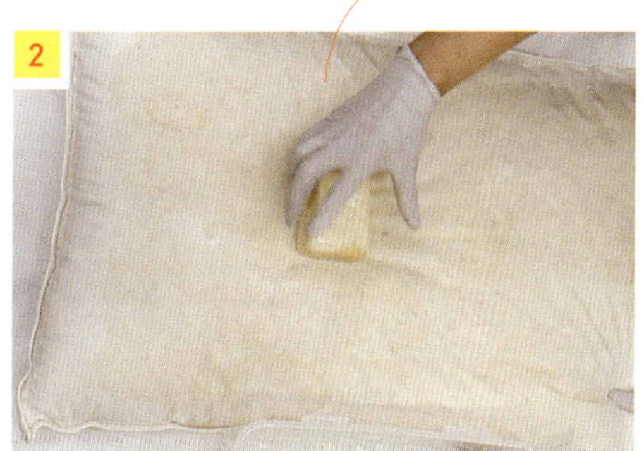
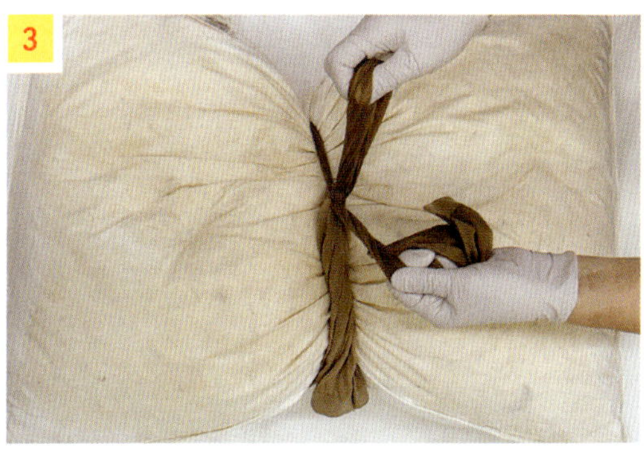
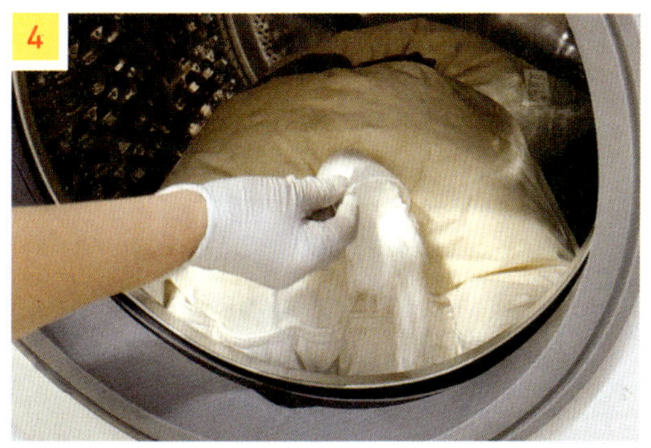

# 누렇게 찌든 구스 베개 세탁

천 원짜리 표백 비누로 구스 베개 세탁하기

60분

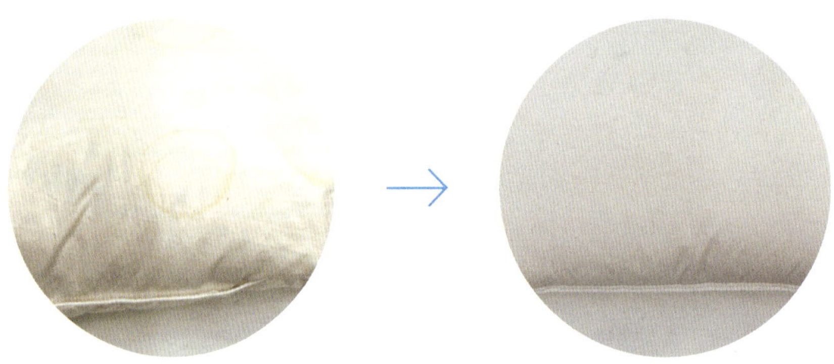

**준비물**

| 물 온도 | 50도 |
| --- | --- |

| 표백 비누 | 표백 | 1개 |
| --- | --- | --- |
| 베이킹소다 | 표백 | 200g |
| 중성세제 | 침투제 | 10ml |
| 구연산 | 중화 | 30g |

## 세탁 방법

1  베개 표면에 물을 묻히거나 표백 비누를 따뜻한 물에 1분 정도 불려줍니다.

　　└ 물기 없이 비누를 묻히면 잘 스며들지 않습니다.

2  누렇고 찌든 때가 많은 부분에 표백 비누를 집중해서 발라줍니다.

3  세탁기에 베이킹소다와 중성세제를 넣고 세탁합니다.

4  세탁기로 헹구기 전에 구연산을 넣습니다.

5  건조기로 반 정도 건조하고 하루 정도 베란다에서 자연 건조를 합니다.

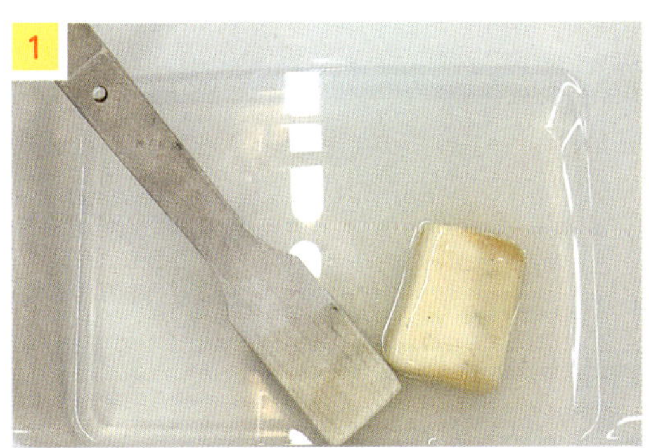

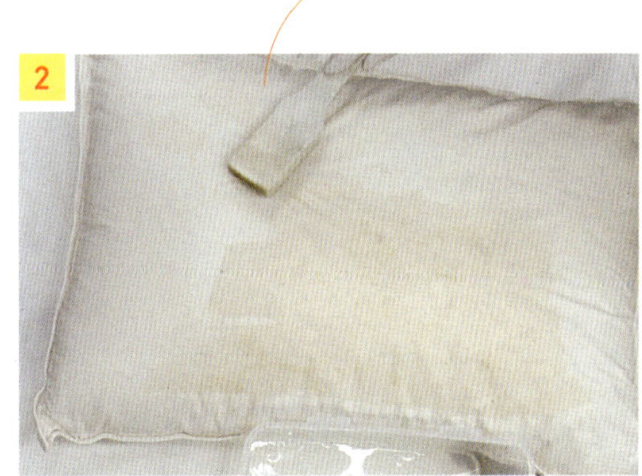


### 이렇게 해보세요!

· 찌든 때가 심하면 세탁할 때 과탄산소다를 100g 정도 추가하면 좋습니다.

· 구스 손상을 최소화하기 위해 과탄산소다 사용 후 구연산으로 헹구면 좋습니다.

# 이불 세탁하기

## 친환경 세제로 먼지 안 나게 이불 세탁하기

60분

세탁기 '표준' 혹은 '이불 코스' 사용

**준비물**

| 물 온도 | 40~50도 |

※세탁 주기가 짧은 이불은 40도,
세탁 주기가 긴 이불은 50도

과탄산소다 | 냄새 제거　200g
　└ 흰 이불, 색깔 있는 이불

베이킹소다 | 살균　200g
　└ 색깔 있는 이불, 검정 이불

섬유유연제 (필요에 따라 조절)

중성세제 | 침투제 (필요에 따라 조절)

구연산 | 중화　30g

**이렇게 해보세요!**

· 구스 이불은 과탄산소다를 빼고 동일한 방법으로 세탁해주세요.

▶ 영상으로 더 쉽게 알아보세요!

## 세탁 방법

1 세탁 전 오염이 심한 부위에 중성세제를 묻혀줍니다.

2 세탁기를 '표준' 또는 '이불 코스'로 선택하고, 물 온도를 40~60도, 탈수는 '강'으로 설정합니다.

3 세제 투입구에 세제를 적정량 넣고 냄새 제거를 위해서 흰색(파스텔 계열) 이불은 과탄산소다를, 색깔 있는 이불은 과탄산소다와 베이킹소다를, 검정 이불은 베이킹소다를 넣어줍니다.

뒷장에 계속 →

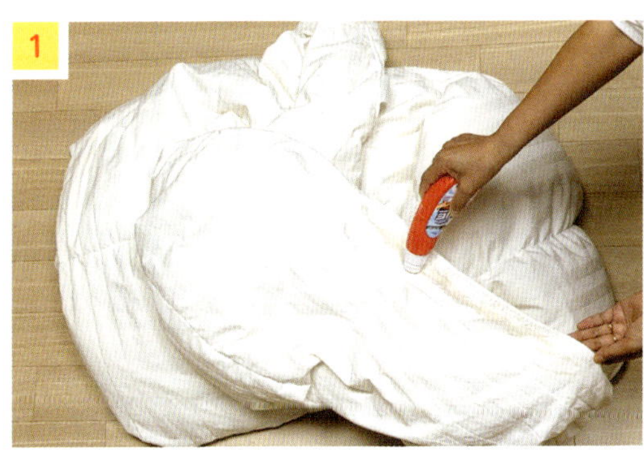

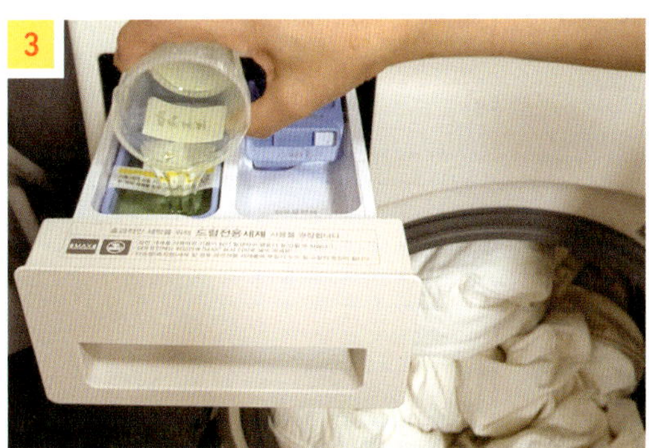

4   헹굼은 중간(3회) 정도로 설정합니다.

5   헹굼 시에 구연산을 녹인 물이나 섬유유연제를 함께 넣어줍니다.
    └ 과탄산소다와 베이킹소다가 염기성이라 산성인 구연산을 넣으면
    중화됩니다.

6   건조기가 있으면 건조기로 건조하고, 건조기가 없으면 빨래 건조
    대에 이불을 널어서 자연 건조한 후 스팀다리미로 다림질을 해줍
    니다.

> **팁!**
>
> 이불 세탁 후 다림질을 하면 잔털이 일어나지 않아서 먼지도 덜 나고 뽀
> 송뽀송합니다.

## 이렇게 해보세요!

- 세탁기에 이불이 너무 꽉 채워서 세탁하게 되면 세탁 효과가 떨어지니 반 정도만 채워주세요.
- 극세사 이불에 섬유유연제를 사용하면 털이 뭉쳐서 보온성이 떨어지니 주의하세요.
- 피 얼룩은 생긴 즉시 물티슈로 바로 닦아야 잘 지워집니다.

## 아기 토 냄새 제거하는 법

① 세탁물에 묻은 토사물을 흐르는 물에 닦아줍니다.

② 갤포스 1포를 넣은 물(40도)에 세탁물을 담급니다. 갤포스가 없으면 EM 비누로 대체 가능합니다.

③ ②에 과탄산소다를 적정량 더해 살균과 표백을 해줍니다.

　└ 주의! 색깔이 있는 세탁물은 베이킹소다를 넣어주세요.

## 담배 냄새 제거하는 법

① 욕실에서 샤워나 목욕 후 욕실에 수증기가 가득 찼을 때 수증기를 제거하지 않습니다.

② 담배 냄새가 나는 세탁물을 욕실에 걸어둡니다.

③ 세탁물이 수증기를 충분히 흡수할 때까지 기다립니다.

④ 세탁물을 통풍이 잘되는 그늘에서 건조시킵니다. 건조 과정에서 담배 냄새가 사라집니다.

팁!

편백나무에서 추출한 천연 편백수도 담배 냄새 제거에 효과적입니다.

# 피 얼룩 제거법

PB-1으로 간단하게 피 얼룩 제거하기!

30분

## 준비물

**물 온도** 50~60도

PB-1 | 다목적 세정제　　　1개

과탄산소다 | 표백　　　50g
　ㄴ 붉은 얼룩을 제거한다.

구연산 | 중화　　　10g
　ㄴ 푸른 얼룩(철분)을 제거한다.

### 이렇게 해보세요!

· 부분만 처리가 어렵다면, 전체적으로 PB-1을 뿌리고 바로 세탁기에 과탄산소다를 넣고 세탁해도 됩니다.

## 세탁 방법

1  피 얼룩에 PB-1을 뿌려줍니다.
   └ 5분 후에 한 번 더 뿌려주세요.

2  얼룩 부분을 비비거나 마찰을 줘서 얼룩을 지워줍니다.

3  따뜻한 물로 얼룩 부분을 헹궈줍니다.

4  푸른 얼룩이 남아 있으면 구연산을 녹인 물에 2~3분 담가줍니다.
   붉은 얼룩이 남아 있으면 과탄산소다를 녹인 물에 2~3분 담가줍니다.

5  드럼 세탁기에 과탄산소다를 넣고 세탁하세요.
   └ 물 온도 40도로 설정

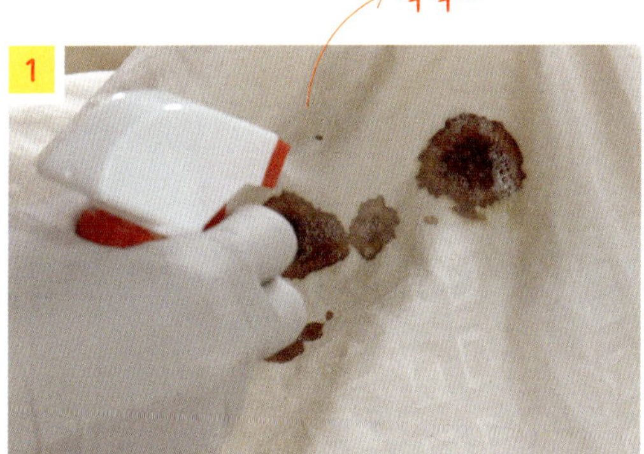



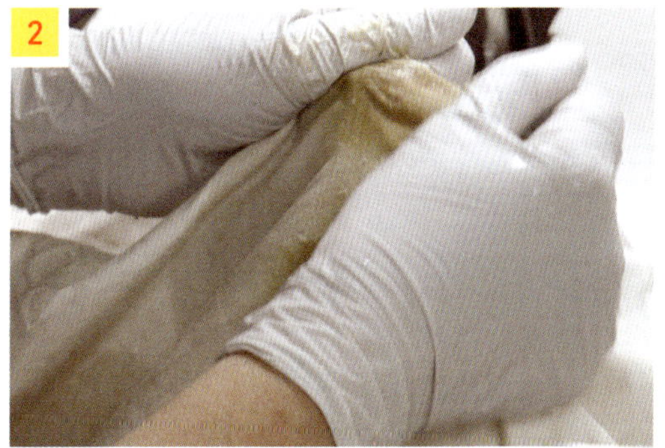

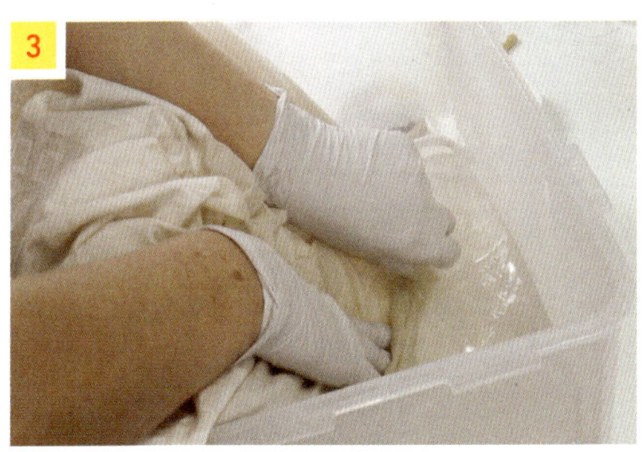

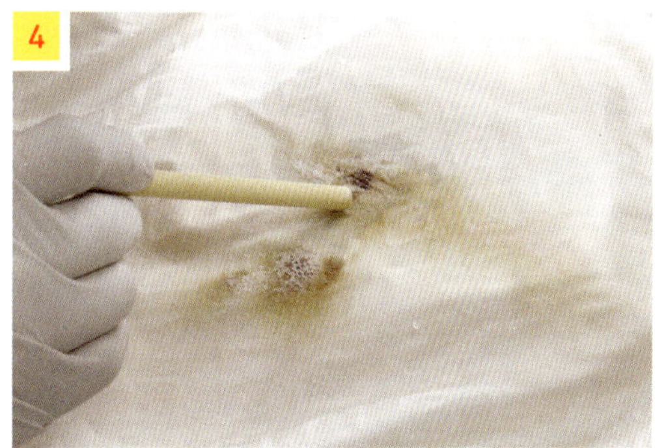

# 정해진 세탁 코스로 이불 세탁하지 마세요
## 나만의 코스로 이불 세탁하는 방법

### 세탁기 코스 맞춤으로 설정하기

세탁기는 코스별로 물 온도, 탈수 강도, 헹굼 횟수가 자동으로 설정되어 있습니다. 그런데 꼭 이 코스를 따라야 올바르게 세탁할 수 있을까요?

　이불 코스는 보통 물 온도 30도로 설정되어 있지만, 이불은 40도 정도의 물에서 더 깨끗하게 세탁이 됩니다. 코스를 선택하지 않고 물 온도, 탈수 강도, 헹굼 횟수를 직접 나에게 맞게 설정해서 세탁하는 방법을 소개합니다.

### 물 온도

**찬물**

란제리나 시폰 소재 의류, 울 니트는 찬물로 세탁해주세요. 과탄산소다나 베이킹소다는 안 넣어도 됩니다. 울 니트는 돌돌 말아서 세탁망에 넣고 세탁하면 모양의 변형을 최소화할 수 있습니다.

**30도**

색이 진한 세탁물이나 고어텍스 같은 기능성 의류는 30도의 물로 세탁합니다. 냄새가 심하면 베이킹소다를 100g에서 200g 정도 추가로 넣으세요.

세탁할 때 가장 기본 물 온도입니다. 이불이나 속옷, 수건 등 피부와 직접 닿는 세탁물은 40도의 물로 세탁하는 것이 가장 좋습니다. 특히 흰색과 옅은 파스텔 계열 색 세탁물은 과탄산소다 100g을 추가로 넣어서 세탁하면 표백 효과를 볼 수 있습니다.



여름철에 땀이나 곰팡이 냄새가 나는 흰색 세탁물(수건, 티셔츠 등)이나 누렇게 찌든 이불은 50~60도의 물로 세탁하는 것이 좋습니다. 과탄산소다도 200g 정도 추가로 넣어주면 좋습니다.

## 탈수 강도

가정용 세탁기의 탈수 강도는 생각보다 세지 않습니다. 가장 강한 탈수 정도를 선택해 탈수하는 것을 추천합니다.

특히 부피가 큰 이불이나 오리털 점퍼 등은 제일 강한 세기로 두 번 탈수 후 건조해야 건조 시간이 짧아져 전기세를 절약할 수 있습니다. 건조도 빠르게 되어 냄새도 덜 납니다.

## 헹굼 횟수

기본 2~3회로 헹굼을 설정합니다. 부피가 큰 이불이나 점퍼류를 세탁하거나 세제나 표백제를 많이 사용했다면 1~2회 추가하면 좋습니다.

# 에코백 세탁하기

자주 쓰는 에코백 깨끗하게 세탁하는 법

20~30분

**준비물**

| 물 온도 | 30~40도 |
| --- | --- |

| 중성세제 | 침투제 | 5ml |
| --- | --- | --- |
| 베이킹소다 | 세척 | 30g |

## 세탁 방법

1   물에 중성세제와 베이킹소다를 넣고 잘 녹여줍니다.
    

2   1에 에코백을 담그고 때가 잘 빠지도록 주물러줍니다.

3   흐르는 물에 3~4회 헹궈줍니다.

4   에코백의 물기를 잘 짠 후 세탁기에 넣어 탈수해줍니다.

5   세탁한 에코백을 잘 다려줍니다.

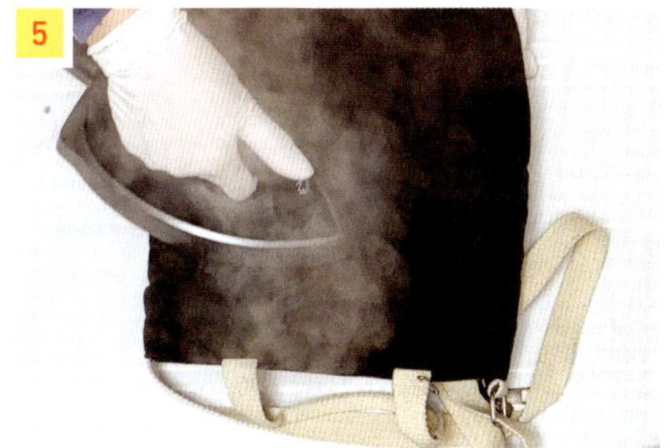

# 세제, 어떤 것으로 골라야 하나요?
## 옷을 지키는 세제 선택법

완벽한 세탁을 위해서는 먼저 섬유를 이해해야 하고, 각 섬유에 적합한 세제를 선택해야 합니다.

### 모든 의류에 만능! 중성세제

이것저것 생각하기 귀찮거나 어렵다면 시중에 '중성세제'라고 표기해 판매하는 세제를 사용하면 됩니다. 울 드라이 세제, 울이나 실크 전용 세제는 알칼리성이 아닌 중성세제입니다. 중성세제는 울이나 실크를 포함한 모든 섬유를 세탁할 수 있습니다.

### pH 지수별 세제 종류

중성세제는 주로 울 샴푸, 울 드라이 세제, 울이나 실크 전용 세제로 판매하는데 여기서 주목할 점은 '울'이라는 단어입니다. 울(wool)은 양모(羊毛)로 만들어 단백질로 이루어져 있습니다. 알칼리성 물질은 단백질을 녹이는 성질이 있어서 알칼리성 세제(일반 세탁 세제)를 사용해서 울 섬유를 세탁하는 것은 절대 금지입니다. 견 섬유도 동물성 섬유로 알칼리성 세제를 피해야 합니다.

### 계면활성제는 무엇인가요?

중성세제를 고를 때 뒷면에 있는 성분(기능)에 계면활성제 농도를 보면 됩니다. 계면활성제(기체와 액체, 액체와 액체, 액체와 고체가 서로 맞닿은 경계면을 완화하는 역할을 하는 화합물)는 오염 물질을 세탁물로부터 분리하는 역할을 하는데, 계면활성제 비율이 높을수록 효과가 좋으며 가격은 비싸집니다. 계면활성제 비율이 동일해도 기업에 따라 가격 및 성분 차이는 있으니 기호에 맞게 선택해서 세탁하면 됩니다.

### 천연 세제 3종, 알고 보니 천연이 아니었네?

흔히 천연 세제로 알고 있는 과탄산소다, 베이킹소다, 구연산은 천연 세제가 아닙니다. 구연산 자체는 천연 성분이지만 정제 과정에서 황산을 사용하고, 과탄산소다와 베이킹소다는 상대적으로 무해한 무기화학 합성 방식을 사용해서 '천연에 가까운 세제'로 볼 수 있습니다.

천연 세제라고 부르기는 어렵지만, 합성 세제와 달리 물과 결합했을 때 분해되어 잔류물이 남지 않기 때문에 '친환경 세제'로 보는 것이 적합합니다.

# 잘 쓰면 약, 못 쓰면 독인 락스의 올바른 사용법

## 흰색 세탁물을 더 하얗게 만드는 락스 사용법

락스는 보통 청소를 할 때 사용하고는 합니다. 청소뿐 아니라 세탁할 때도 냄새가 심하거나 오염이나 황변이 많이 진행된 세탁물에 락스를 효과적으로 사용할 수 있습니다. 다만 락스의 특성상 색깔이 있는 세탁물에 사용하거나 희석 비율을 잘못 설정하면 옷을 망칠 수 있기 때문에 잘 알아보고 사용해야 합니다.

### 이염과 황변된 흰색 옷을 더 하얗게 만드는 법

희석 비율: 물 3L에 락스 100ml (주의! 뜨거운 물에 넣어서는 안 됩니다.)
담금 시간: 5~10분

① 락스를 희석한 물에 옷을 담급니다.

② 이염이나 황변 정도에 따라 5~10분을 둡니다.

③ 옷을 헹굴 때 물에 구연산 한 숟가락을 넣어 중화시켜줍니다.

④ 세탁기에 넣고 세탁합니다.

### 냄새 나는 수건이나 흰색 면 속옷

희석 비율: 물 3L에 락스 10ml (주의! 뜨거운 물에 넣어서는 안 됩니다.)
담금 시간: 5~10분

① 락스를 희석한 물에 옷을 담급니다.

② 냄새의 정도에 따라 5~10분을 둡니다.

③ 옷을 헹굴 때 물에 구연산 한 숟가락을 넣어 중화시켜줍니다.

④ 세탁기에 넣고 세탁합니다.

# 3장

오래 가는 깨끗함!

## 옷 관리와 보관법

# 와이셔츠 빳빳하게 다리는 방법

소매, 앞판, 칼라 부분을 집중해서 다리기

**준비물**

스팀다리미

**주요 소재**

폴리에스테르, 나일론, 레이온, 면

**이렇게 해보세요!**

· 면 섬유는 스팀다리미로만 다리면 완벽하게 다려지지 않기 때문에 스팀과 열판을 결합한 다리미를 사용해야 효과가 좋습니다.

▶ 영상으로 더 쉽게 알아보세요!

## 다림질 방법

**1** 소매에 단추가 잠겨 있으면 단추를 풀어줍니다.

**2** 소매 양끝을 왕복 2~3회 정도 다려줍니다.

  └ 갈 때는 스팀을 주면서, 올 때는 스팀 없이 열판으로만 다려주세요.

**3** 와이셔츠 한쪽 팔 부분을 손으로 잘 펴줍니다.

**4** 어깨 부분에서 소매 쪽으로 스팀을 주면서 2~3회 반복해서 천천히 다려줍니다.

뒷장에 계속 →

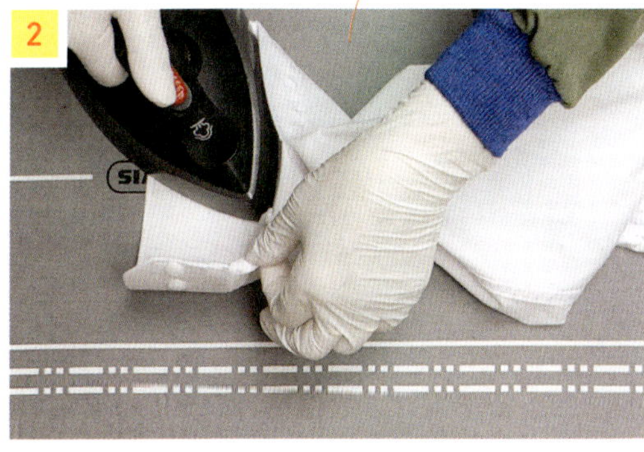

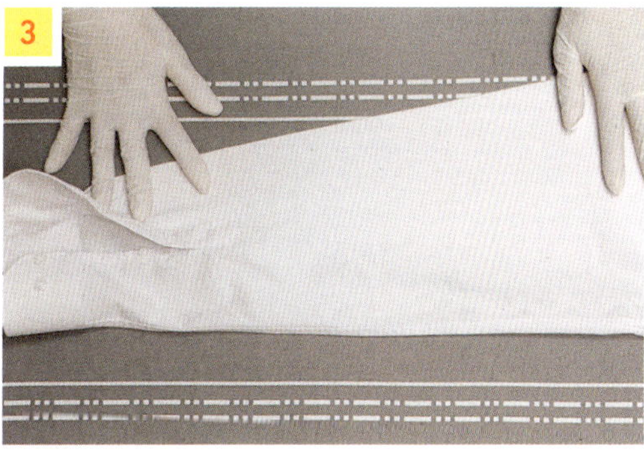

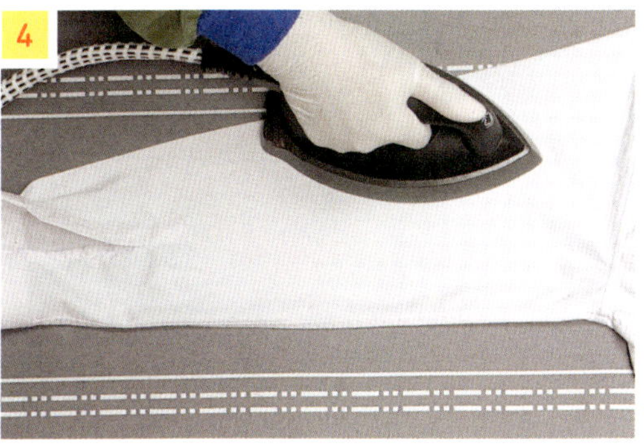

팁!
와이셔츠에 구김이 많으면 분무기로 물을 한 번 뿌리고 다려도 좋습니다.

5 셔츠 앞부분을 두 손으로 잘 펴줍니다.

6 앞판을 다림질할 때 셔츠 안쪽에서 바깥쪽으로 내려가면서 다려
   줍니다.

7 단추가 있는 부분은 뒤집어서 뒷면을 다려줍니다.

8 셔츠 뒷부분도 다리미판에 잘 펼친 후 다려줍니다.

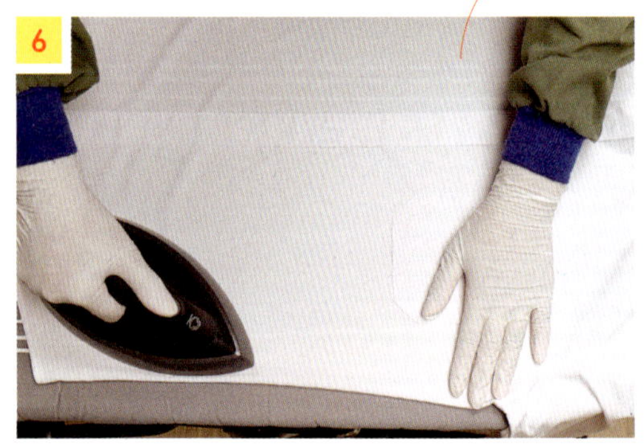

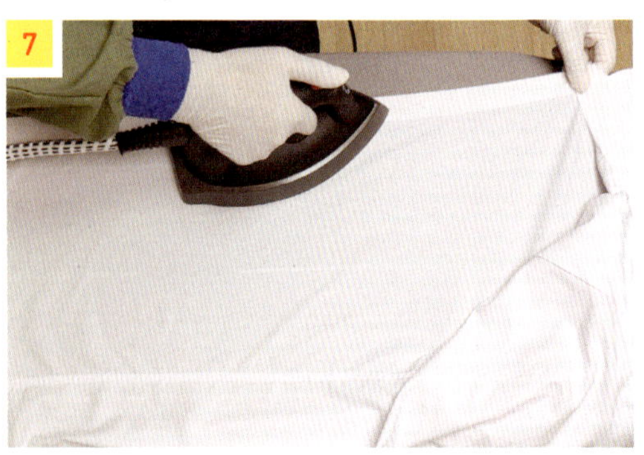

9     칼라 부분을 펴서 다려줍니다.

10    칼라 부분에서 목 단추 있는 부분까지 다려줍니다.

11    옷을 입었을 때 칼라가 잘 세워지도록 접어서 다려줍니다.



**이렇게 해보세요!**

· 다림질을 할 때 다리미의 무게를 실어서 눌러주며 다려야 효과가 좋습니다.

# 정장 바지 각 잡아서 다리는 법

집에서도 쉽게 각을 살려 다림질하기

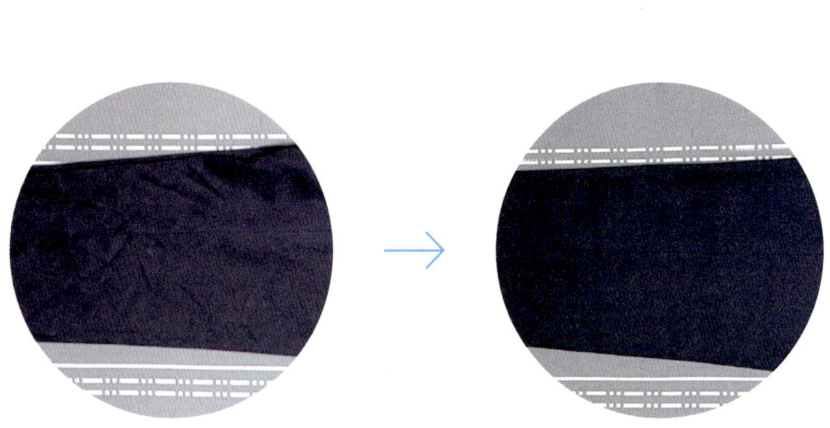

## 준비물

스팀다리미

## 다림질 방법

1 바지를 뒤집어서 양쪽 재봉선부터 다려줍니다. 재봉선을 다리면 세탁하면서 줄었던 옷이 늘어납니다.

2 주머니 부분을 다리고 허리선을 따라 엉덩이 부분을 한 바퀴 쭉 다려줍니다.

3 다시 바지를 뒤집어서 일자로 만들어 펴줍니다.
    └ 바지 지퍼에서 제일 가까운 벨트 고리를 손가락에 끼우고 허리 뒤쪽을 반대쪽 손으로 잡아 펴면 쉽습니다.

뒷장에 계속 →

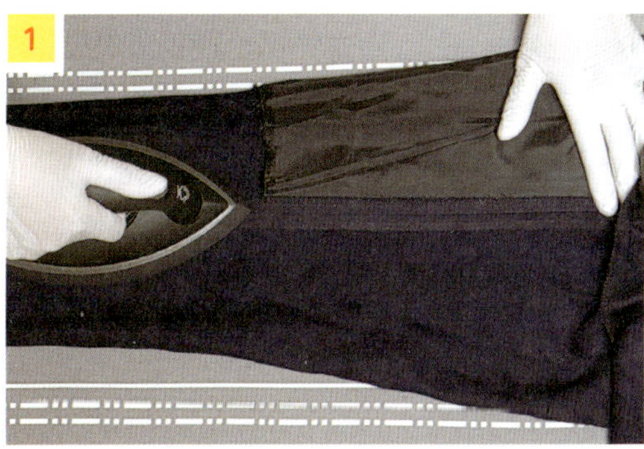

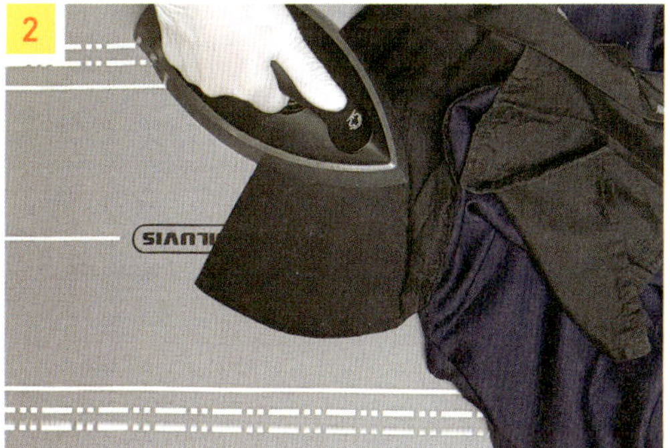

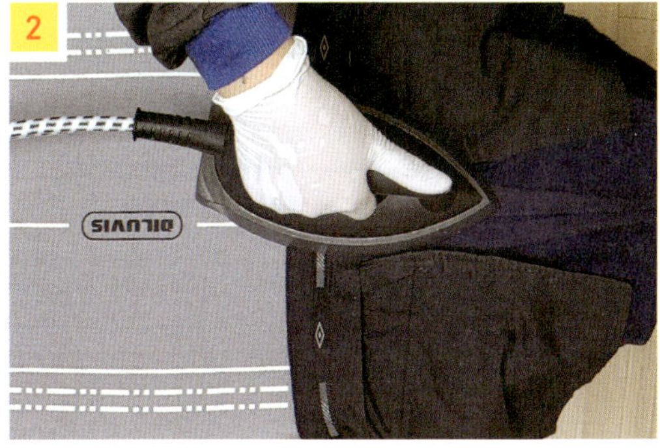

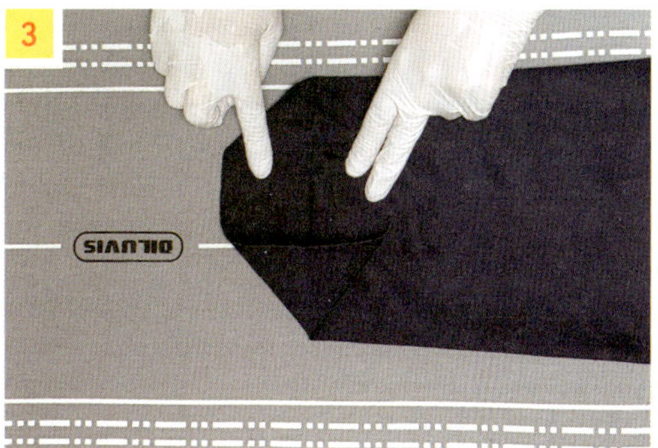

4 위쪽에 있는 바지 한쪽을 3등분해서 접습니다.

5 아래쪽에 있는 바지의 밑단 재봉선과 가랑이 재봉선을 일자로 맞춰줍니다.

6 한 손으로 가랑이 쪽 재봉선을 고정시키고, 다른 한 손으로 바지를 가지런히 정돈 후 다려서 바지 앞 주름을 잡아줍니다.

7 가랑이쪽 재봉선은 고정시킨 채, 반대쪽 손을 바지 안쪽으로 넣어서 엉덩이 라인을 만들어줍니다.

8 바지 밑단을 잡아당겨서 일자로 만든 후 바지 뒷주름을 잡습니다. 반대쪽도 동일하게 진행합니다.

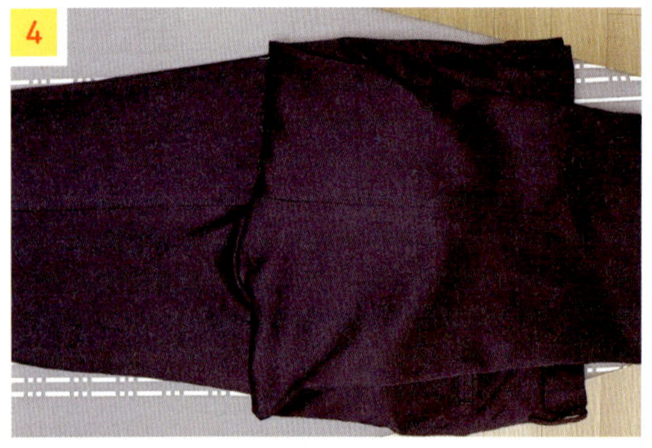
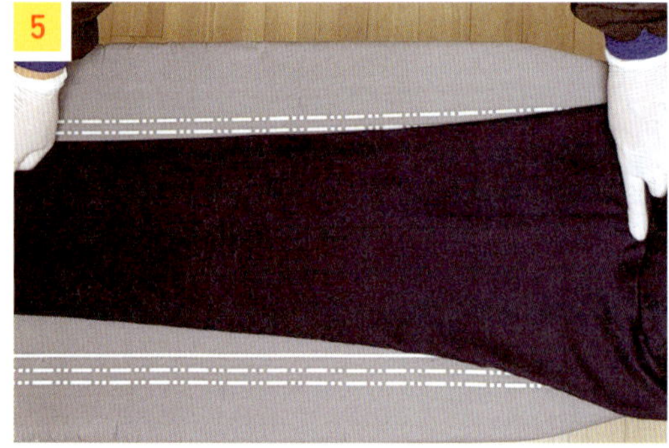
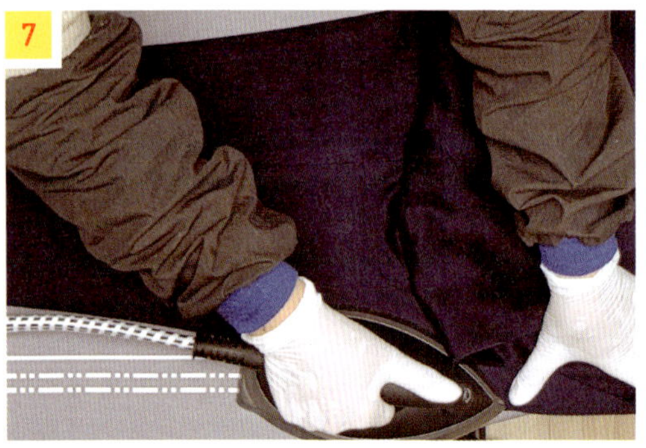
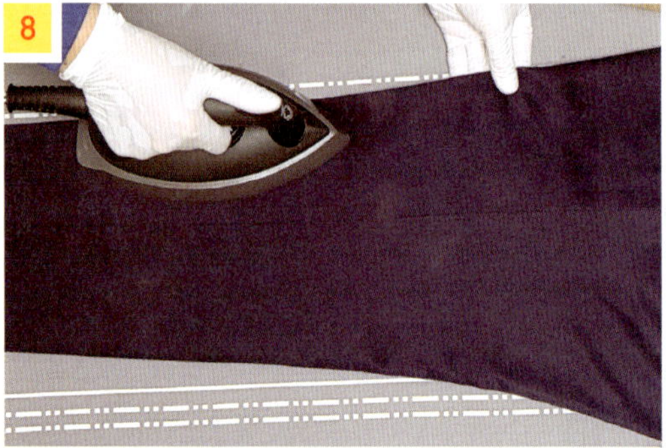

# 청바지 벨트 고리 튼튼하게 달기

## 준비물

| | |
|---|---|
| 바늘 | 1개 |
| 실 | 1타래 |
| 골무 | 1개 |
| 청바지 벨트 고리 | 1개 |

## 바느질 방법

1. 먼저 실을 매듭 지어줍니다.
2. 벨트 고리를 제 위치에 고정시키고, 바늘을 아래에서 위로 찌릅니다.
3. 위로 올라온 바늘을 빼서 실을 잡아당기고, 옆으로 이동하여 바늘을 아래로 찌릅니다.
4. 2번과 3번 동작을 반복하는데, 바늘땀이 일정하도록 합니다.
5. 벨트 고리가 튼튼하게 바느질된 것 같으면 위에서 벨트 안쪽으로 찌른 바늘로 안쪽 원단을 떠서 매듭을 지어줍니다.

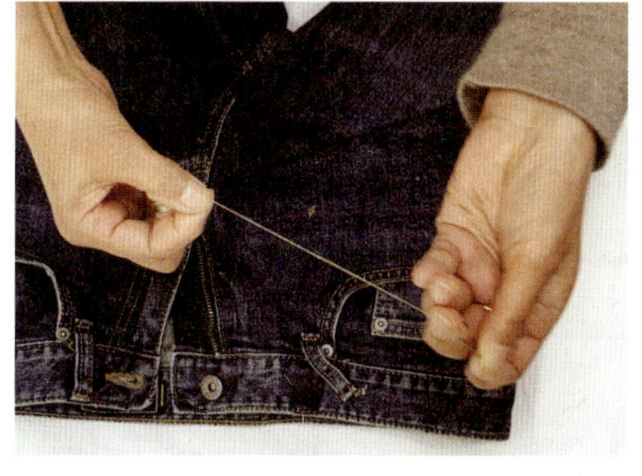
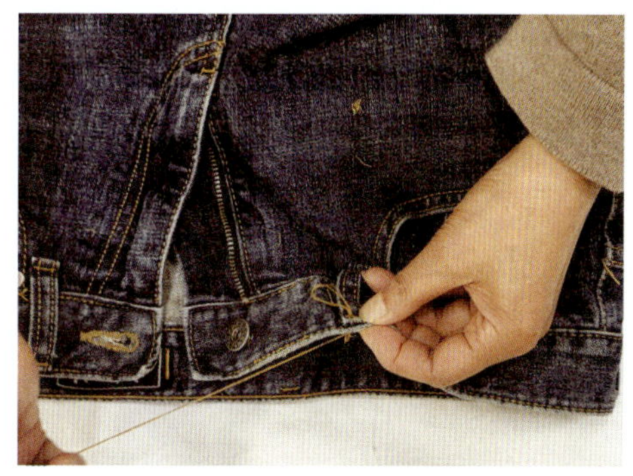

# 티셔츠 새것처럼 다리는 방법

## 티셔츠를 효과적으로 다리고 보관하는 법

### 준비물

스팀다리미

### 주요 소재

폴리에스테르, 나일론, 면

**이렇게 해보세요!**

- 로고나 그림이 프린팅된 티셔츠는 손상되지 않도록 얇은 천을 올리거나 티셔츠를 뒤집어서 다려주세요.

▶ 영상으로 더 쉽게
알아보세요!

## 다림질 방법

1  티셔츠를 뒤집어서 옆 솔기를 한쪽으로 정리합니다.

2  스팀을 주면서 옆 솔기를 한 방향으로 다려줍니다.

┌─ 팁! ─────────────────────────────────┐
│ 갈 때는 스팀을 주면서, 올 때는 스팀 없이 열판으로만 다려주세요. │
└──────────────────────────────────────┘

뒷장에 계속 →

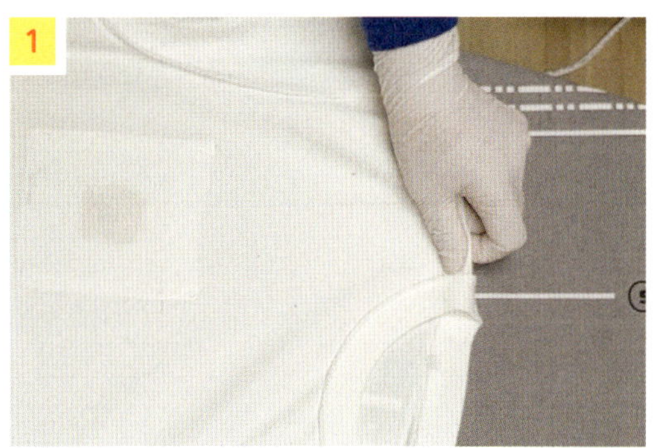

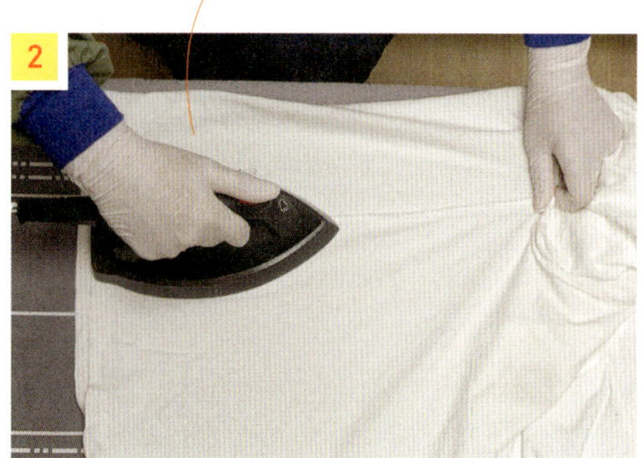

3 반대쪽 옆 솔기도 다려줍니다.

    └ 솔기에 라벨이 있다면 꺾이지 않게 다려주세요.

4 양쪽 어깨 솔기도 잘 정돈하고 다려줍니다.

5 팔 부분을 정돈하고 다려줍니다.

6 다시 뒤집어서 앞판을 잘 정돈합니다.

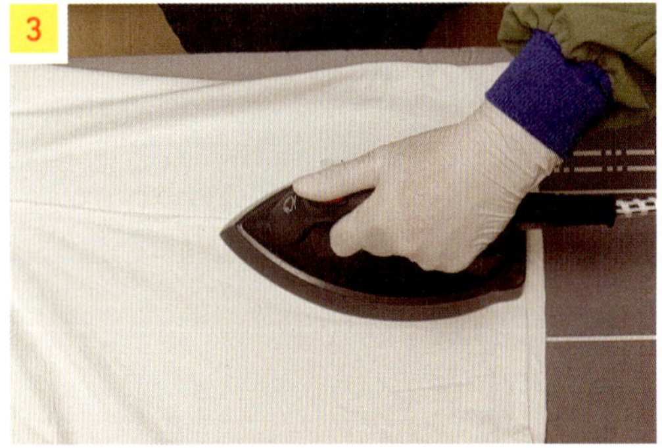

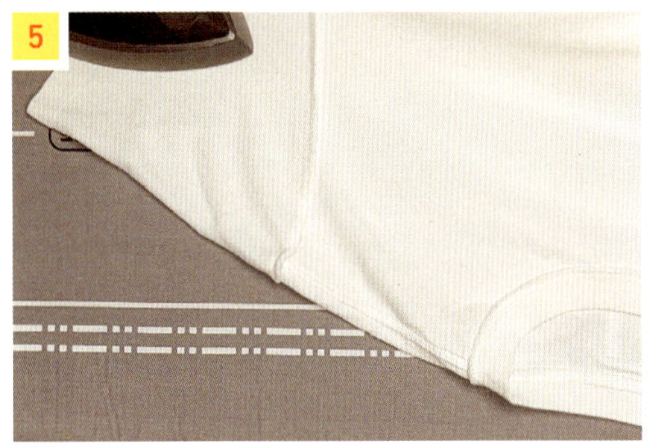

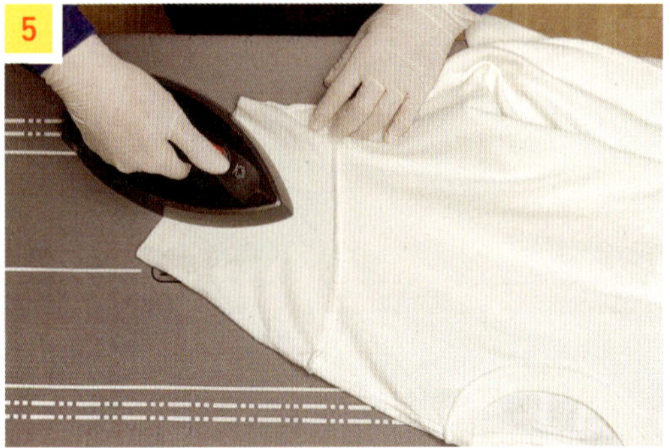

7 옆 선을 따라서 어깨와 목 부분까지 다려줍니다.

8 앞판을 전체적으로 다려줍니다.

9 어깨를 반 접고 티셔츠 중간을 한 번 더 접어서 보관합니다.

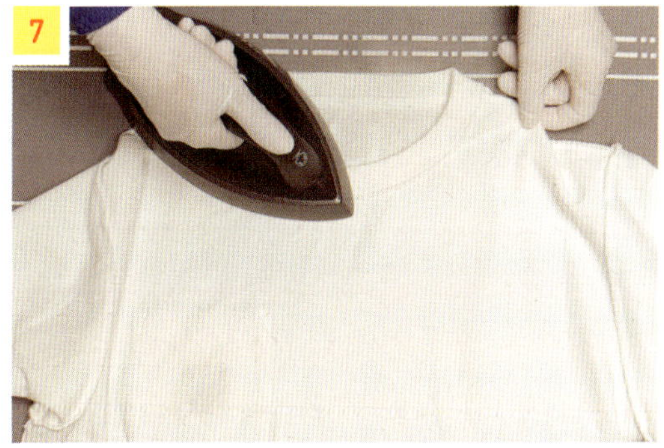

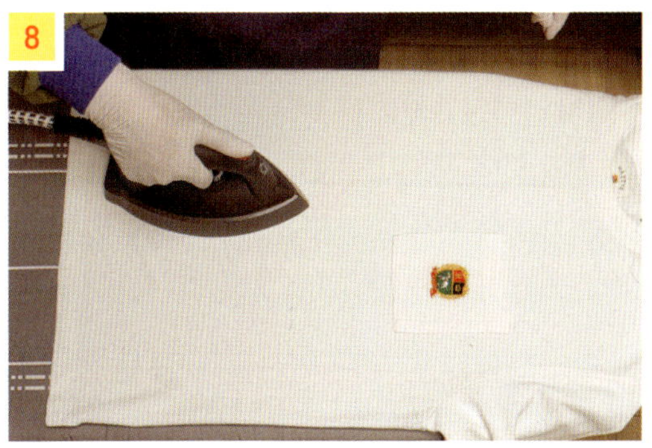

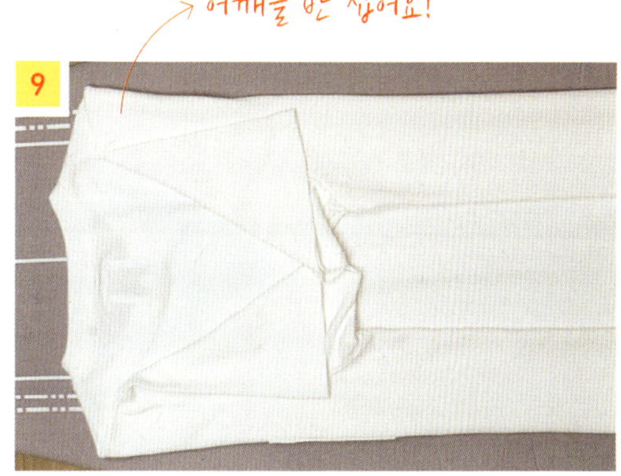

# 린넨 셔츠 빳빳하게 손질하기

## 풀을 직접 만들어서 사용하는 법

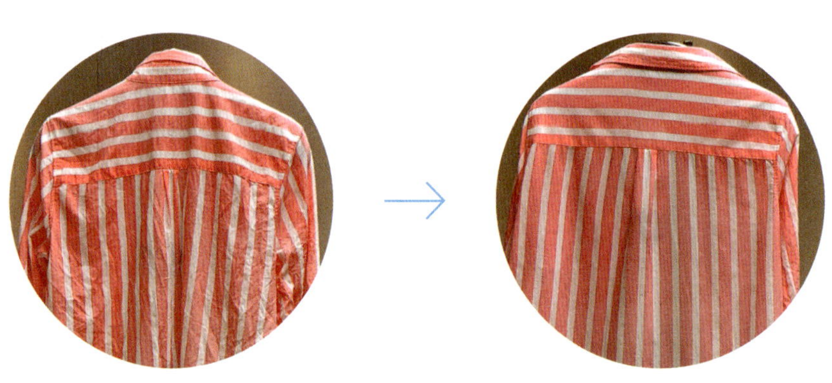

### 준비물

| | |
|---|---|
| 찬물 | 3L |
| 쌀밥 | 100g |
| 스타킹 | 1개 |
| 스팀다리미 | |

※ 먹다가 남아서 냉동실에 보관해둔 밥이나 시중에서 파는 즉석 밥을 사용해도 됩니다.

**이렇게 해보세요!**

- 린넨 셔츠나 블라우스는 마른 상태가 아니라 탈수 후 물기가 남아 있을 때 풀을 먹여주세요.

▶ 영상으로 더 쉽게
알아보세요!

## 손질 방법

1 린넨 셔츠를 세탁 후 탈수까지 마친 상태로 준비합니다.

2 스타킹에 준비한 따끈따끈한 밥을 넣어줍니다.

3 따뜻한 물에서 스타킹 속 밥을 밥알이 남지 않을 때까지 5분 동안 조물조물 으깨줍니다.

  └ 밥 알갱이가 남으면 얼룩이 생길 수 있습니다.

4 3에 찬물을 모두 넣어줍니다.

5 체를 이용해서 4의 알갱이를 걸러줍니다.

6 린넨 셔츠를 5의 풀물에 30초 동안 담가줍니다.

뒷장에 계속 →

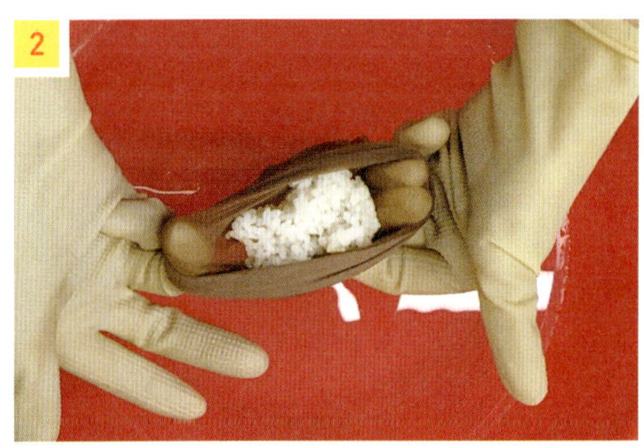

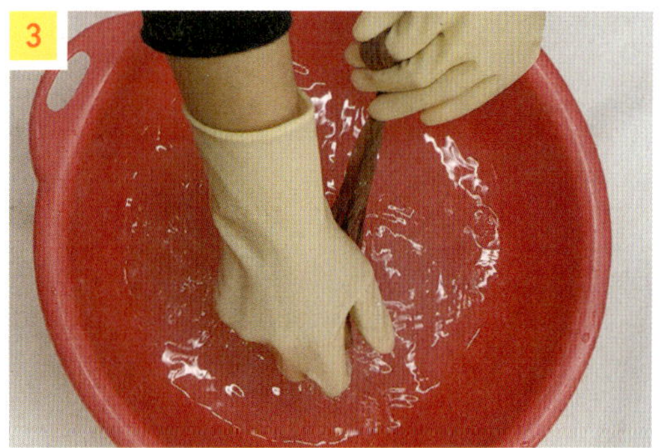

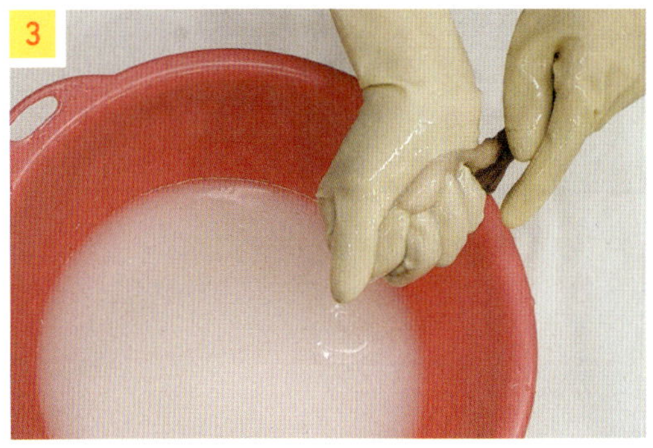

7  5분 정도 세탁기에 넣고 탈수를 합니다.



8  스팀다리미로 옷깃을 스팀을 주면서 다립니다.

9  소매 부분을 안쪽에서 둥글게 다립니다.

10  옷걸이에 걸어서 앞판과 뒷판을 스팀다리미로 다립니다.

**팁!**

다림질 후 셔츠 전체를 위아래로 쭉 당겨서 팽팽하게 펴주세요.

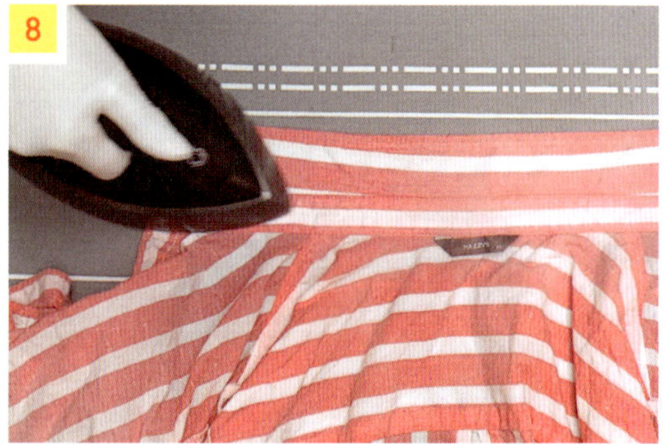

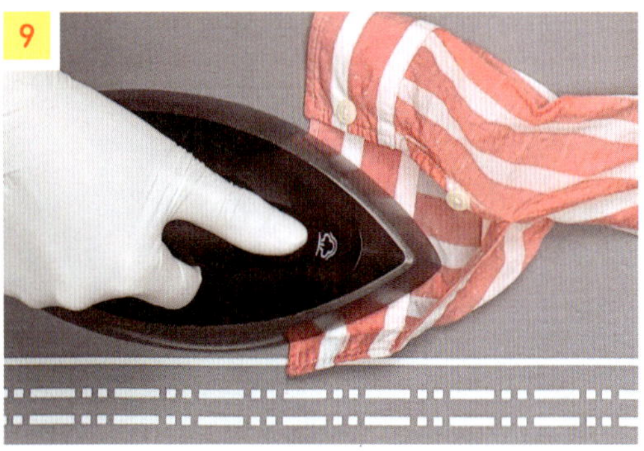

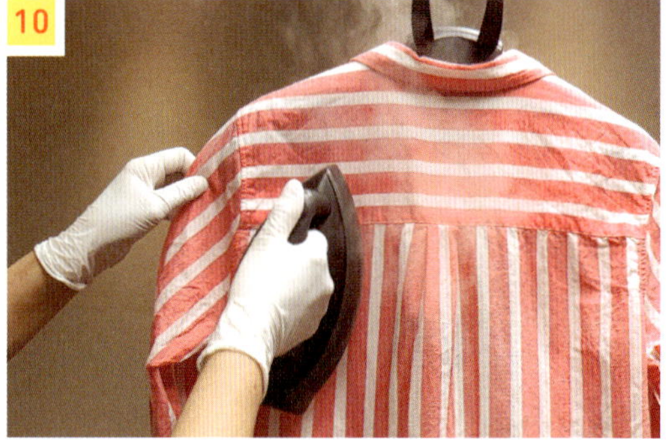

# 옷에 풀을 먹이는 이유
## 옷에 풀을 올바르게 먹이는 방법

풀은 주로 면이나 마 같은 식물성 섬유에 사용하는데, 풀을 먹인 상태에서 다림질하면 형태가 고정됩니다. 게다가 원단에 코팅이 되는 효과가 있어서 먼지도 덜 나며 세탁시 얼룩이 더 잘 빠지는 효과가 있습니다.

특히 여름철 린넨 셔츠나 남방은 풀을 먹이면 옷의 형태가 빳빳하게 유지되어 피부에 달라붙지 않아서 통풍도 잘되고 착용감도 훨씬 좋습니다. 풀을 직접 만드는 것이 귀찮거나 부담스럽다면 시중에 판매하는 스프레이 풀을 사용해도 됩니다.

### 스프레이 풀 사용하는 법

① 세탁과 탈수 후 옷걸이에 옷을 걸어 틀을 정돈합니다.
② 스프레이 풀을 충분히 흔들어서 적당량을 골고루 뿌려줍니다.
③ 물기가 90% 정도 말랐을 때 다림질을 해줍니다.(완전히 말랐다면, 분무기로 물을 분무 후 다림질해줍니다.)

### 스프레이 풀을 사용하면 좋은 옷

구스 베개 커버나 면 이불에 풀을 먹이면 표면에 코팅이 됩니다. 여름철에 시원한 느낌이 나며 먼지도 덜 나고, 세탁할 때도 얼룩이 잘 빠져서 일석삼조의 효과가 있습니다.

면이나 마 셔츠, 면이나 마 재킷, 면 트렌치코트, 모시 의류, 면포, 구스 커버 등에 사용하면 좋습니다.

# 실크 블라우스 다리기

스팀다리미로 집에서 쉽게 다리는 방법

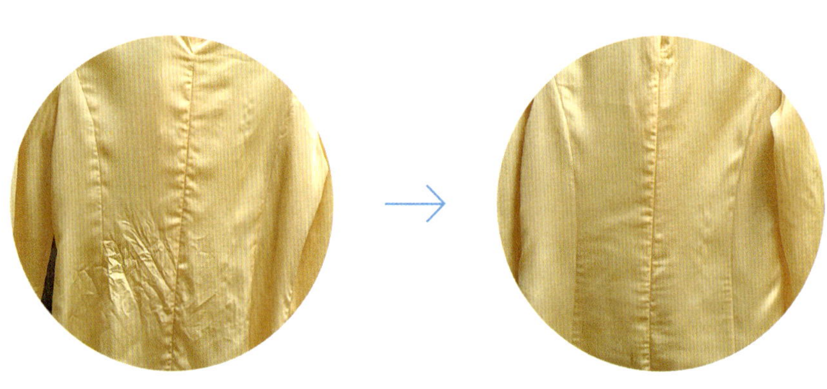

**준비물**

스팀다리미

양말이나 스펀지　　　　　1개

**이렇게 해보세요!**

- 다리미 온도가 너무 높으면(180도 이상) 옷이 눌어붙을 수 있으니 주의하세요.
- 스팀다리미에서 물이 많이 나오면 얼룩이 생길 수 있습니다. 스팀다리미를 허공에 한 번 분사한 후 다림질하세요.

## 다림질 방법

1  블라우스 소매를 양말이나 스펀지로 막습니다.

2  블라우스 안쪽에 스팀을 넣어서 팔 부분을 펍니다.

3  앞면과 뒷면에 스팀을 주면서 살짝 눌러 가며 다립니다.

4  목 부분은 한 손으로 당기며 다립니다.

   └ 주의! 스팀이 뜨거우니 꼭 스팀다리미용 장갑을 끼세요.

5  잔주름은 옷걸이에 걸어 다리며 마무리합니다.

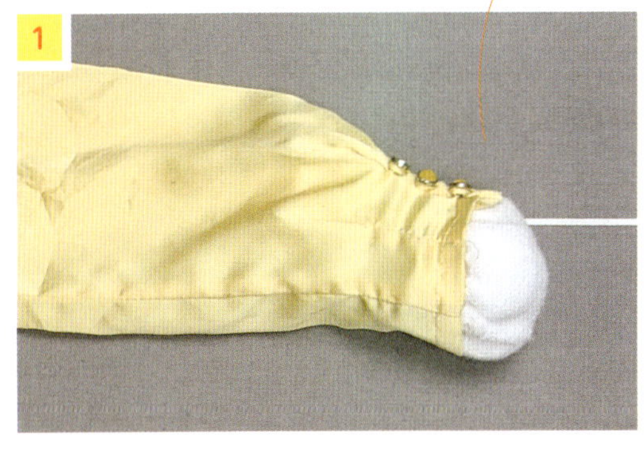



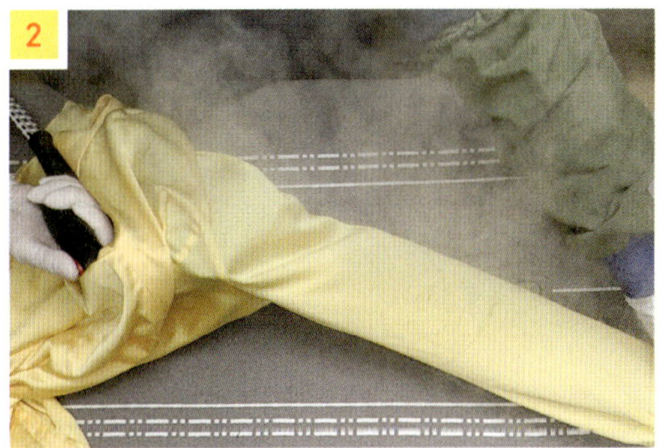

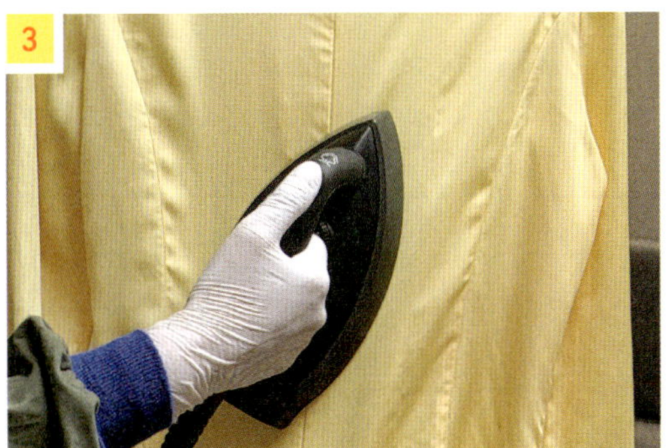

# 모직 코트나 니트 보풀 제거하기 1

## 돈모 브러시와 섬유유연제로 보풀 없애는 법

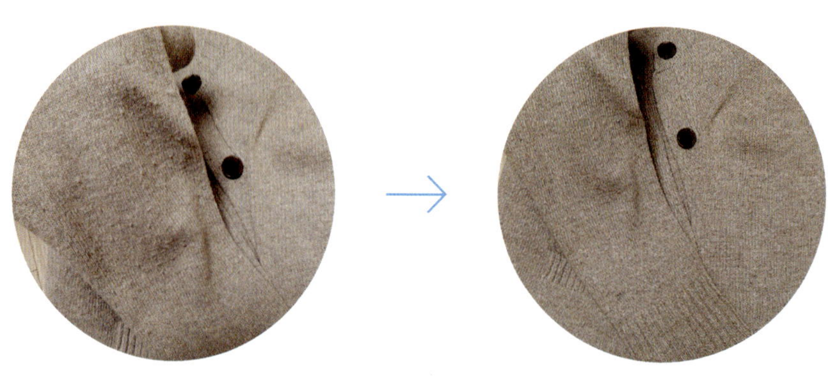

**준비물**

| | |
|---|---|
| 물 | 100ml |
| 섬유유연제 \| 탈취·먼지 방지 | 5ml |
| 분무기 | 1개 |
| 돈모 브러시 | 1개 |

**이렇게 해보세요!**

- 보풀이 있는 니트도 손질을 하면 보풀 제거가 가능합니다.
- 폴리에스테르 소재의 브러시를 써도 되지만 정전기가 날 수 있으니 되도록 돈모 브러시를 사용하세요.

▶ 영상으로 더 쉽게
알아보세요!

## 보풀 제거 방법

1  분무기에 깨끗한 물을 채우고 섬유유연제를 넣어줍니다.

2  돈모 브러시의 솔을 위에서 아래 방향으로 쓸어 내리면서 손질합
니다.

# 모직 코트나 니트 보풀 제거하기 2

## 보풀 제거기와 면도기로 보풀 없애는 법

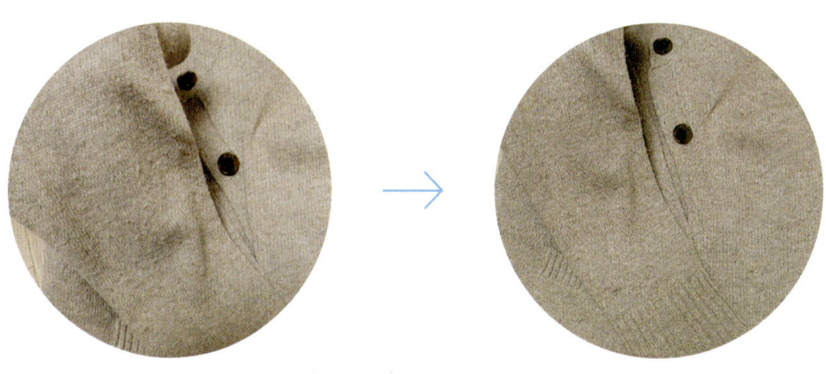

### 준비물

보풀 제거기

| | |
|---|---|
| 면도기 | 1개 |
| 테이프 | 1개 |

## 보풀 제거 방법

1   면도기로 보풀이 심하게 일어난 부분을 가볍게 긁어줍니다.

2   보풀이 긁어낸 후 테이프로 보풀을 떼어냅니다.

3   보풀 제거기로 남은 보풀이 있는 부분을 너무 세게 누르지 말고 표면만 살살 제거해줍니다.

└ 보풀을 너무 강하게 제거하면 원단이 얇아져서 보온성이 떨어질 수 있습니다.

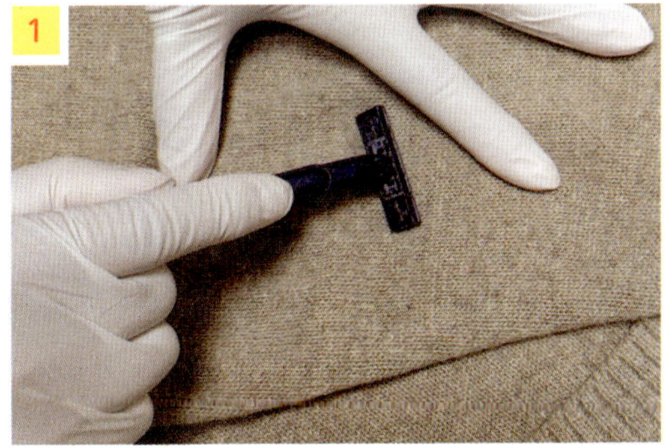

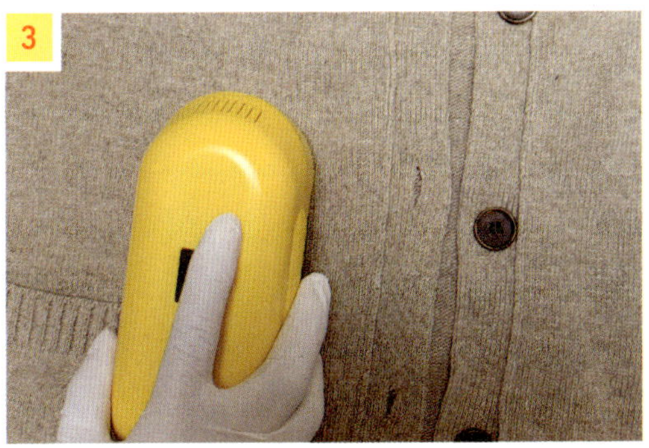

팁!

보풀제거기는 구멍이 큰 제품으로 사용하면 좋습니다.

# 탈색된 모자 염색하기

셀프로 염색해서 새 모자처럼 만들기

20분

**준비물**

염색약(필요에 따라 조절)

붓                          1개

마스킹테이프          1개

**이렇게 해보세요!**

- 모자 안쪽까지는 염색하지 마세요.
- 모자 염색 후 세탁을 할 때는 중성세제로 가볍게 손세탁을 해주세요.

▶ 영상으로 더 쉽게
알아보세요!

## 염색 방법

1. 모자를 깨끗하게 세탁합니다.(모자 세탁 방법 32쪽 참고)

2. 마스킹테이프로 로고나 장식을 덮어줍니다.

3. 모자 염색약을 사용할 만큼 접시에 덜어줍니다.

4. 붓에 염색약을 묻혀서 탈색된 부분에 발라줍니다.
   └ 바르기 전에 붓에 묻은 염색약을 2~3회 덜어주세요.

5. 한 곳에 너무 많이 염색약을 묻히지 말고 골고루 발라줍니다.

6. 염색 후 헤어드라이어로 1분 정도 말려줍니다.

7. 서늘한 곳에서 2~3일 자연 건조 후 착용합니다.

# 옷이 탈색되는 원인은 무엇인가요?

## 다양한 탈색 원인과 탈색을 방지하는 법

옷이 탈색되는 데 여러 이유가 있습니다. 마찰이나 세탁 방법, 자외선 등이 그 이유입니다. 마찰에 의한 탈색이 가장 흔하게 발생하고 소재는 주로 면이나 마, 실크 원단이 탈색이 잘됩니다.

### 마찰에 의한 탈색

#### 사연 마찰

소매나 팔꿈치 부분 원단이 마찰로 인해 탈색되었는데, 평소에는 얼룩 때문에 크게 눈에 띄지 않다가 세탁을 하면서 얼룩이 빠져 탈색 부분이 도드라져 보이기도 합니다. 세탁에 문제가 있었다기보다는 마찰 때문에 원단이 탈색된 것입니다.

#### 세탁 마찰

옷에 얼룩이 있는 부분을 세탁할 때 과도하게 마찰을 가하면 해당 부분이 탈색될 때도 있습니다. 얼룩의 전처리를 할 때는 부드러운 브러시를 사용하고, 세제 거품을 충분히 내서 진행하면 좋습니다.

세탁기로 세탁하는 것보다 손세탁을 하는 것이 마찰을 최소화할 수 있습니다. 세탁기로 세탁할 때는 옷을 뒤집어서 섬세한 코스로 세탁하거나 세탁망을 이용하면 마찰을 최소화할 수 있습니다.

> **주의!**
>
> 면 소재의 의류는 반복적으로 세탁을 하면 어쩔 수 없이 염색제가 빠지면서 색이 연해집니다.

## 세제에 의한 탈색

락스나 과탄산소다를 잘못 사용해 세탁하면 탈색될 가능성이 높습니다. 되도록 중성세제나 액체 세제를 사용하는 것이 좋습니다.

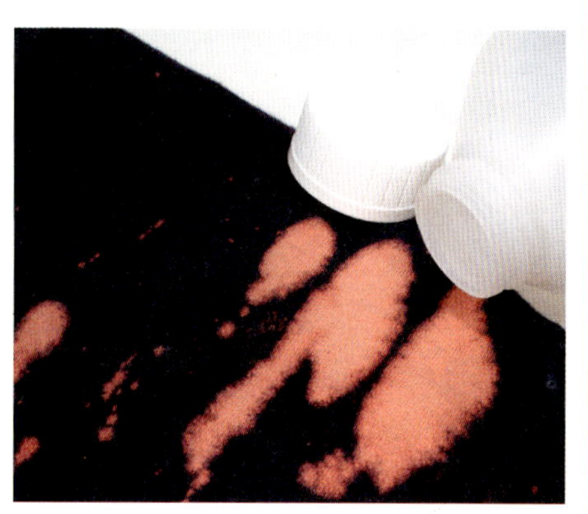



## 자외선에 의한 탈색

햇빛이나 형광등에서 나오는 자외선에 의해서도 빈번하게 탈색이 발생합니다. 옷을 보관할 때 부직포 커버를 씌우거나 뒤집어 놓으면 탈색을 방지할 수 있습니다

## 탈색된 옷은 어떻게 복원할 수 있나요?

탈색은 색이 빠져나간 것이기 때문에 염색을 통해 복원을 해야 합니다.

하지만 원단의 종류나 탈색 원인에 따라 복원 가능성의 유무가 달라지기 때문에 전문가와 상의해 진행해야 합니다.

# 스웨이드(누벅) 신발 흠집 복원하기

## 흠집 없이 새 신발처럼 만드는 법

20분

### 준비물

| | |
|---|---|
| 가죽 염색약(필요에 따라 조절) | |
| 붓 | 1개 |
| 물풀이나 코팅제 | 1개 |
| 슈트리 | 1개 |
| 왁스(취향에 따라 선택) | |
| 사포(1000방) | 1개 |
| 마스킹테이프 | 1개 |

**이렇게 해보세요!**

- 스크래치가 심한 부분은 염색 후 드라이어로 말리는 작업을 여러 번 반복하세요.

## 세탁 방법

1  먼저 신발을 깨끗하게 세탁하고 슈트리를 넣어줍니다.(가죽 신발 세탁법 76쪽 참고)

2  흠집 부분을 사포로 문질러서 표면을 부드럽게 해줍니다.

3  물풀이나 코팅제를 발라서 코팅 한 다음 헤어드라이어로 말려줍니다.

4  마스킹테이프로 로고를 덮어줍니다.

5  가죽 염색약을 접시에 덜어줍니다. 붓에 염색약을 묻혀서 흠집 부분에 골고루 발라줍니다.
   └ 바르기 전에 붓에 묻은 염색약을 2~3회 덜어주세요.

6  염색 후 헤어드라이어로 1분 정도 말려줍니다.

7  서늘한 곳에서 2~3일 자연 건조 후 착용합니다.
   └ 발수 코팅을 하면 때가 덜 타는 효과가 있습니다.

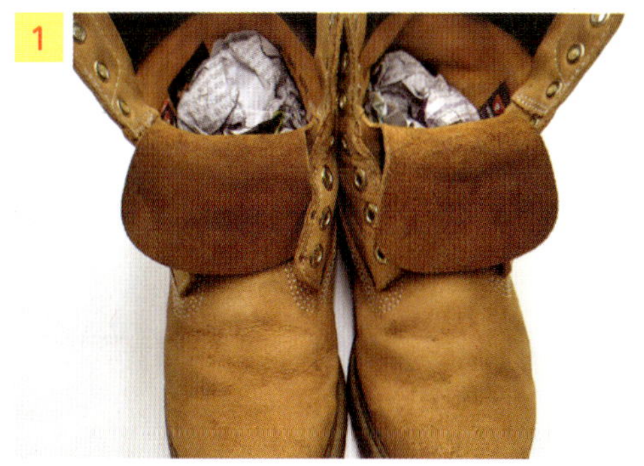

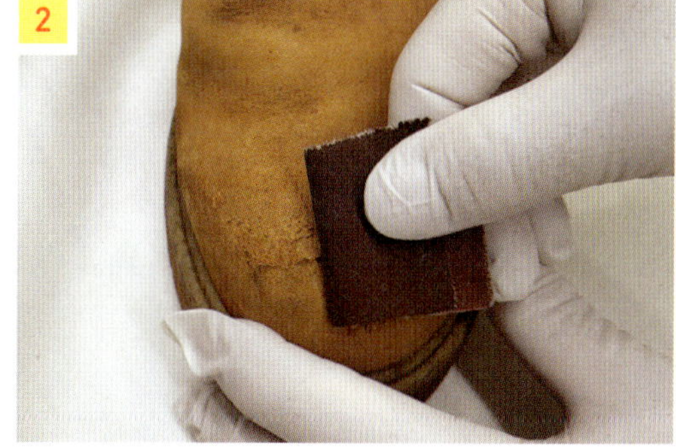

# 코팅된 가죽 가방 관리하는 법

## 간단한 클리닝부터 색 복원하는 법까지!

**20분**

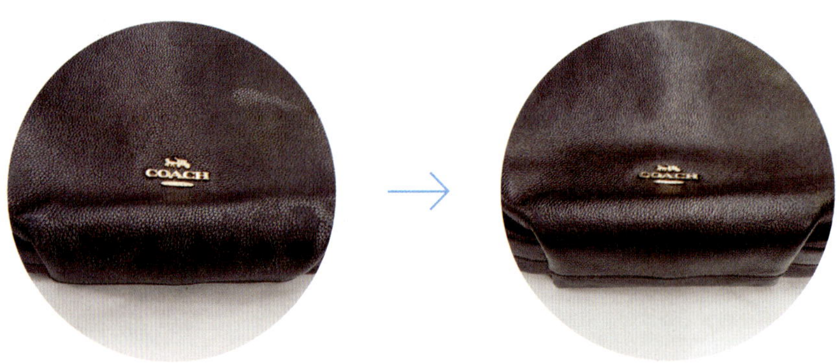

### 준비물

| | |
|---|---|
| 찬물 | 500ml |
| 중성세제 | 3~5ml |
| 수건 | 1개 |
| 가죽 염색약(필요에 따라 조절) | |
| 붓 | 1개 |

**이렇게 해보세요!**

- 코팅된 가죽 가방에만 사용하는 방법입니다. 가죽의 변형이나 오염이 발생할 수 있으니 코팅되지 않은 가죽 가방은 주의해주세요.

▶ 영상으로 더 쉽게
알아보세요!

## 세탁 방법

1 물에 중성세제를 넣어 섞어줍니다.

2 수건에 **1**을 묻히고 물기를 짭니다.

3 **2**로 가방을 닦고 헤어드라이어로 말리거나 자연 건조를 합니다.

4 물기가 다 마르면 가죽 색에 맞는 가죽 염색약을 붓에 묻혀 벗겨진 부분에 칠합니다.

5 상태에 따라 2~3회 칠한 후 헤어드라이어로 말려줍니다.

6 서늘한 곳에 2~3일 자연 건조합니다.

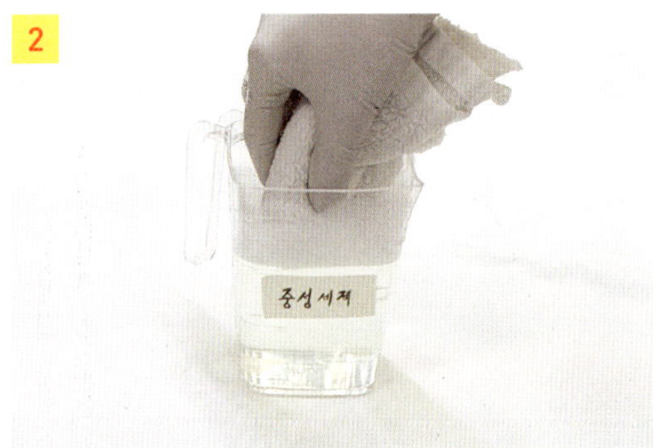

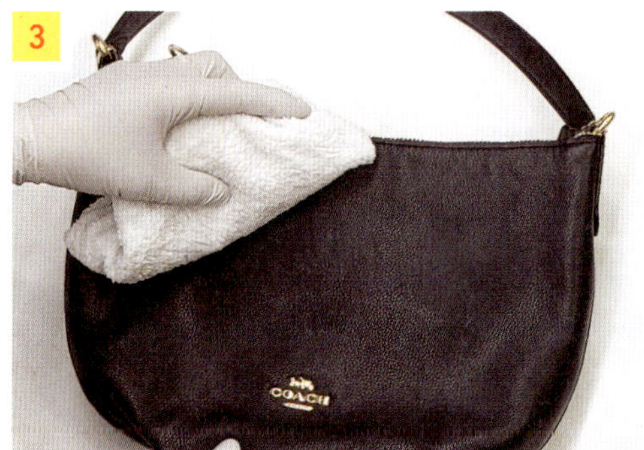

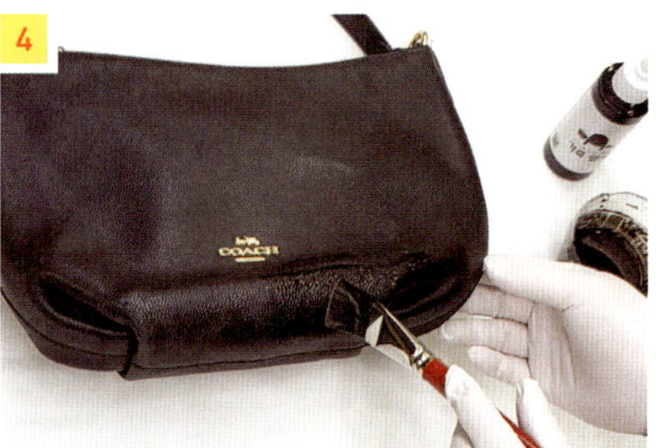

# 곰팡이 생기지 않게 관리하는 법
## 곰팡이 제거제를 절대 뿌리면 안 되는 이유

### 모피, 가죽, 울 정장, 코트 ==염기성 금지==

#### 모피나 가죽

햇빛에 20분 정도 건조시킨 후 마른 수건으로 곰팡이를 닦아주세요. 에탄올을 뿌려서 마른 수건으로 닦은 후 헤어드라이어로 잘 말려주세요.

> **주의!**
>
> 베지터블이나 스웨이드 가죽은 에탄올을 뿌리면 얼룩이 생길 수 있어서 전문가에게 의뢰하는 것이 좋습니다.

#### 울 정장이나 코트

햇볕에 20분 정도 건조시킨 후 30도 미만의 물에 베이킹소다 30g과 중성세제를 넣고 손세탁해주세요.

### 곰팡이 생기지 않게 하는 법

- 세탁은 입을 때 하는 것이 아니라 벗을 때 합니다.
- 습기가 많은 환경이면 물세탁(웨트클리닝)이 필수입니다.
- 옷장에 옷을 너무 촘촘하게 두지 않고, 환기를 잘 시킵니다.
- 비닐 말고 부직포에 보관합니다.
- 습기 많을 때는 제습기를 사용합니다.

> **주의!**
>
> 제습제에서 가스가 올라오면 모피, 가죽은 탈색이나 가죽 경화가 일어날 수 있습니다.

## 곰팡이 제거 세탁법

### 흰옷

물 온도 60~70도로 설정한 후 과탄산소다 300g 정도와 함께 세탁기에 넣어 세탁을 합니다. 세탁을 하면 곰팡이균은 다 없어지지만, 세탁 후에도 곰팡이 얼룩이 남아 있다면 물 3L(물 온도 60~70도)에 과탄산소다 150g을 넣고 5~10분 담금 처리하면 됩니다.



흰옷이라면 곰팡이 상태에 따라 락스를 조금 넣어도 됩니다. 물 3L에 락스를 소주컵 한 컵 정도 넣고 희석해서 물에 담금 처리해도 됩니다. (유색 옷에 사용하면 탈색이 될 수 있으며, 울이나 가죽 등 단백질 섬유에도 사용하면 안 됩니다.)

### 검정 옷

물 온도 40도에 베이킹소다 200g 정도를 넣고 세탁기로 세탁을 하고, 햇볕에 바짝 말려주세요. 세탁 후에도 곰팡이 얼룩이 남아 있다면 물 3L(물 온도 40도)에 베이킹소다 100g을 넣고 10분 정도 담가주세요.



검정 옷에 락스 사용은 절대 금지입니다.

**이렇게 해보세요!**

- 곰팡이가 생기지 않게 하려면, 옷을 보관하기 전에 바로 세탁을 해주세요.
- 부피가 큰 옷은 과탄산소다, 베이킹소다 사용 후 세탁기로 헹굼해주세요.
- 건조는 건조기로 반 정도만 건조하시고, 자연 건조해주세요.
- 락스는 절대 유색 의류에 사용하면 안 됩니다.

# 여름철 수건 삶지 않고 악취 제거하기

## 장마철 빨래 쉰 냄새 제거하는 방법

5~10분

**준비물**

| 물 온도 | 70도 이상 |
|---|---|

| 과탄산소다 | 150g |
|---|---|
└ 물 4L 기준

**이렇게 해보세요!**

· 빨래 양이 많으면 드럼 세탁기에서 온도 70도 이상으로 설정하고 과탄산소다를 추가해서 세탁하세요.

▶ 영상으로 더 쉽게
알아보세요!

## 세탁 방법

1  대야에 수건을 넣습니다.

2  수건 위에 과탄산소다를 뿌립니다.

3  수건을 그 위로 포개고 과탄산소다를 뿌립니다. 수건이 여러 개면 수건을 포개고 과탄산소다를 뿌리는 작업을 반복해줍니다.

4  차곡차곡 쌓인 수건 위로 뜨거운 물을 붓습니다.

5  5~10분 후에 꺼내서 세탁기로 세탁합니다.

팁!

수건뿐만 아니라 행주도 동일한 방법으로 해보세요.

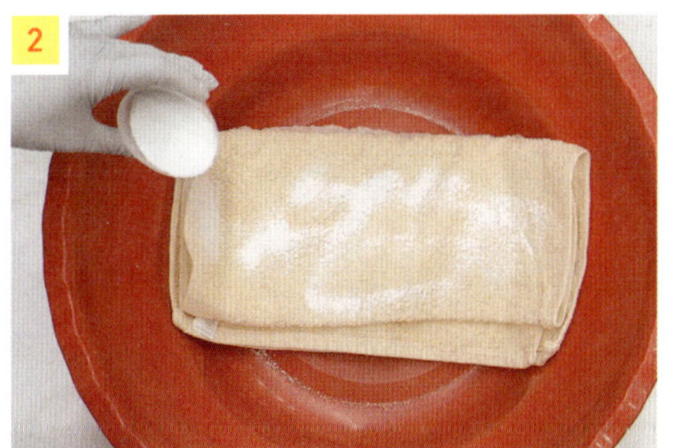

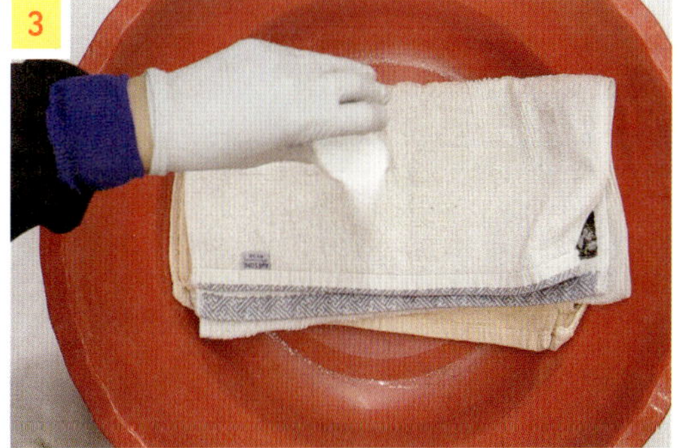

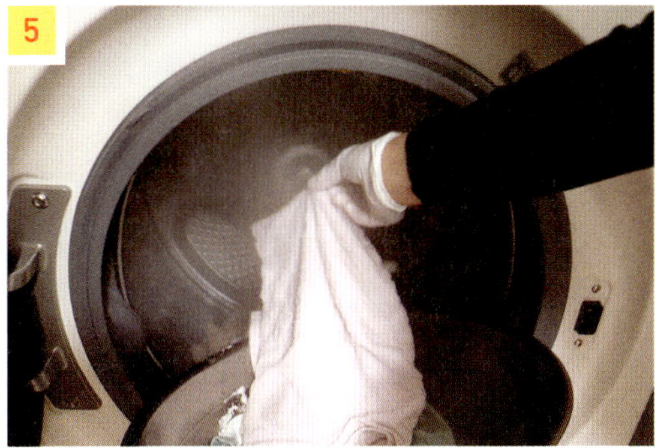

# 좋은 세탁소 고르는 법
## 우리 동네에 어떤 세탁소를 가야 좋을까?

### 첫인상이 깨끗한 세탁소

세탁소의 첫인상은 간판, 조명, 매장 청결 상태 등으로 결정됩니다. 먼저 간판이나 외부 인테리어가 세련되고 깨끗한 세탁소라면 믿을 만합니다. 세탁업은 기계설비를 갖추는 데 비용이 많이 들기 때문에 인테리어나 간판의 경우는 상대적으로 적은 비용으로 투자하기 쉽습니다. 그런데 간판 및 외부 인테리어가 깨끗하다면 그만큼 기술 외적으로도 투자를 많이 하고 그만큼 기술에 자신이 있다고도 볼 수 있습니다.

조명도 마찬가지입니다. 매장 내부가 밝아야 접수할 때 오염 상태나 변형을 확인하기 좋습니다. 내부 청결 상태 역시 깨끗하다면 금상첨화입니다.

### 적절한 피드백을 주는 세탁소

- 접수시 드라이클리닝이 필요한 옷과 웨트클리닝이 필요한 옷에 대해 명확하게 설명을 해주는가.
- 접수시 고객과 같이 옷 상태를 확인하며 접수를 하는가.
- 원단이나 오염 상태를 파악해서 복원 가능 여부를 명확하게 설명하는가.
- 다양한 브랜드를 숙지하고 있어서 브랜드별 특성이나 의류 정보를 잘 파악하고 있는가.

### 기름 냄새가 나지 않는 세탁소

드라이클리닝에 사용되는 용제(기름)의 품질이 좋지 않거나 관리를 못하면 기름이 부패해서 꿉꿉한 냄새가 납니다. 그럴 경우 가게 내부에서 나는 냄새가 드라이클리닝한 의류에서도 나게 되는데 이런 불쾌한 냄새가 나는 세탁소는 피하는 것이 좋습니다.

## 포장이 깔끔한 세탁소

가장 마지막 단계인 포장을 할 때 일반적인 비닐 커버를 사용하는 세탁소도 있고, 주문 제작한 비닐 커버나 부직포 커버를 사용하는 세탁소도 있습니다. 마무리 단계의 커버까지 신경 쓰는 세탁소는 마지막까지 세탁물을 꼼꼼하게 체크하는 세탁소라고 볼 수 있으며, 보풀 제거도 말끔하고 다림질까지 깔끔하다면 최고의 세탁소라고 볼 수 있습니다.

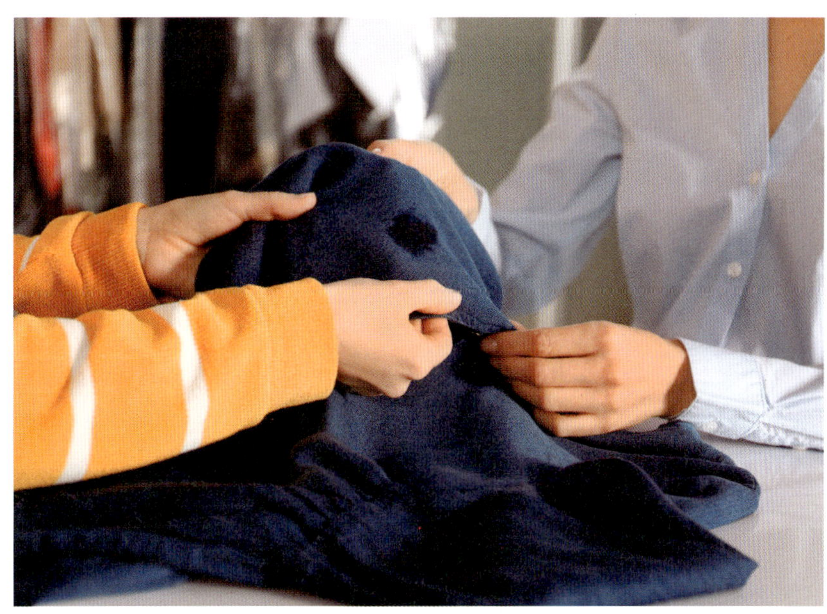

# 세탁소에 맡겨야 하는 옷은 무엇인가요?
## 드라이클리닝으로 제거할 수 있는 얼룩

보통 손상될 위험이 큰 옷은 세탁소에 맡기는 것이 좋습니다.(가죽, 모피, 울, 캐시미어, 실크, 비스코스, 레이온, 아세테이트 등)

또한, 면 소재는 물세탁이 가능하나 면 트렌치코트의 경우 세탁하고 후가공(풀 먹임, 다림질)이 어렵기 때문에 세탁소에 맡기는 것이 좋습니다.

세탁소에서는 유기용제로 드라이클리닝을 하고, 수용성 오염 및 땀 냄새나 황변 얼룩 제거를 위해 웨트클리닝까지 하기도 합니다.

유기용제는 기름 성분을 제거할 수 있는 유기화합물로 몸에서 나오는 지방(목/소매), 배기가스 및 매연에 포함된 유분 등 제거에 용이합니다. 화장품, 립스틱 얼룩도 드라이클리닝으로 지우는 것이 가능하며 물세탁보다 손상될 위험이 적습니다.

# 부록

# 한눈에 보는 세탁 정보

# 세탁과 관리 Q&A

**Q 천연 가죽이나 모피도 집에서 세탁할 수 있을까요?**

**A** 가죽은 물세탁과 드라이클리닝, 건식 세탁이 가능하며 모피는 드라이클리닝과 건식 세탁, 파우더 세정(밍크)이 가능합니다. 여러 세탁법 중에서 가정에서 가능한 세탁법은 '건식 세탁'입니다.

**Q 가정에서 가능한 천연 가죽 건식 세탁 및 관리법은 무엇인가요?**

**A** 가정에서 건식 세탁은 '안료 가죽'만 가능합니다.(안료 가죽은 반짝반짝 윤기가 나고 물이 스며들지 않습니다.) 안료 가죽 건식 세탁법은 마른 수건으로 먼지를 닦아낸 후, 가죽 전용 크림 소량을 얇게 골고루 발라줍니다. 그다음 헤어드라이어로 열을 가하면 가죽 크림이 녹으면서 옷에 골고루 스며들게 됩니다.

보관할 때는 형태가 변하지 않도록 넓은 옷걸이를 사용하며, 부직포를 씌워서 습기 없는 곳에 보관해주세요.

**Q 가정에서 가능한 모피 건식 세탁 및 관리법은 무엇인가요?**

**A** 먼저 모피의 먼지를 털어주세요. 그리고 에탄올을 마른 수건에 묻혀서 목이나 소매 등 피부와 직접 닿는 부분을 닦아줍니다. 헤어드라이어의 찬바람으로 아래에서 위로 모피를 말려주세요.

보관할 때는 형태가 변하지 않도록 넓은 옷걸이를 사용하며, 부직포를 씌워서 습기 없는 곳에서 보관해주세요.

**Q 천연 가죽이나 모피 의류를 관리할 때 주의점은 무엇인가요?**

**A** 습기 제거제를 사용하면 가죽이나 모피의 경화 작용을 일으킬 수 있기 때문

에 옷장에 가죽이나 모피 의류가 있다면 절대 사용하면 안 됩니다.

**Q** **가정에서 가능한 누벅이나 스웨이드 가죽 건식 세탁 및 관리법은 무엇인가요?**

**A** 누벅이나 스웨이드 가죽 제품을 먼저 스펀지로 닦아서 먼지를 털어줍니다. 비를 맞거나 물얼룩이 생겼다면, 완전히 말린 후 얼룩 주변을 지우개나 스펀지로 위아래로 문질러서 얼룩을 분산시켜서 없애줍니다.

보관할 때는 형태가 변하지 않도록 넓은 옷걸이를 사용하며, 부직포를 씌워서 습기 없는 곳에서 보관해주세요.

스웨이드 가죽 제품은 진한 색과 연한 색을 같이 보관하면 이염 및 탈색이 발생할 수 있으니 부직포에 개별 보관해야 합니다.

## Q 가죽 의류는 어떻게 관리해야 할까요?

A 가죽은 동물의 종류, 가공방법, 코팅 유무 등에 따라 케어 방법이 다르기 때문에, 가정에서는 반짝반짝 윤이 나며 물이 스며들지 않는 페인팅 가죽만 관리하는 것을 권장합니다.

페인팅 가죽의 경우 물, 에탄올, 중성세제를 10:2:1 비율로 섞어서 마른 수건에 묻혀서 전체적으로 닦아주고 헤어드라이어로 말려주세요. 그리고 광택제를 발라서 광택을 냅니다. 가죽은 특히 여름철 습기에 주의해야 합니다.

특별한 얼룩이 없으면 안감에 섬유용 탈취제를 뿌려서 냄새 제거 정도만 하는 게 좋습니다. 스웨이드 가죽의 얼룩은 지우개나 스폰지로 문질러서 가볍게 얼룩을 털어내는 정도로는 가능합니다. 에탄올(물티슈) 등을 사용하면 변색이 될 수 있으니 먼저 전문가와 상담하는 걸 추천합니다.

## Q 모피는 어떻게 관리해야 할까요?

A 겨울철에 한두 번 입고 보관한 모피는 봄철에 관리해야 합니다. 물과 에탄올을 3:1로 희석한 것에 좋아하는 아로마 오일을 한두 방울 섞어서 분무합니다. 그 다음 마른 수건으로 위아래를 번갈아 가면서 쓸어서 닦아준 후 헤어드라이어 중간 세기 바람으로 말려줍니다.

마지막으로 하루나 이틀 바람이 잘 통하는 그늘에서 자연 건조 후 부직포를 씌워서 보관하세요.

**Q** 청바지를 물 빠지지 않게 세탁하는 방법은 무엇인가요?

**A** 찬물에 천일염 100g을 넣고 청바지를 뒤집어서 손세탁하세요.


**Q** 정장도 집에서 세탁할 수 있을까요?

**A** 정장은 드라이클리닝을 권장하지만, 드라이클리닝만 해서는 수용성 오염이 빠지지 않고 꿉꿉한 냄새가 날 수 있습니다. 4~5회 정도 착용 후 가정에서 웨트 클리닝 후 다림질하거나, 세탁소에 다림질만 맡겨도 됩니다.


**Q** 스키복은 드라이클리닝하면 안 될까요?

**A** 스키복이나 아웃도어 의류는 드라이클리닝을 하면 수지 코팅이 탈락합니다.

아웃도어 전용 세제로 물세탁을 하고, 발수 스프레이를 뿌리고 헤어드라이어로 말려주세요. 발수제는 통풍이 잘되는 곳에서 뿌려야 합니다.

**Q 실크 블라우스나 한복에 묻은 얼룩은 어떻게 응급조치를 해야 할까요?**

**A** 커피나 콜라 등 수용성 얼룩은 냅킨에 물을 가볍게 묻혀서 오염 부위를 가볍게 눌러서 오염을 흡수시키고, 음식물이나 기름 얼룩은 냅킨에 소주(알코올)를 묻혀서 오염 부위를 눌러줍니다. 마찰을 주면 탈색이 될 수 있으니 주의하세요.

**Q 카펫은 어떻게 관리해야 할까요?**

**A** 카펫은 자주 세탁하기 어렵기 때문에 카페트 전체에 굵은 소금을 뿌리고 고무장갑으로 문지르면 미세먼지나 기타 오염물 등이 소금에 달라 붙습니다. 그 다음 청소기로 흡수하면 냄새도 제거되고 곰팡이 발생도 예방할 수 있습니다.

카페트에 음료를 쏟으면, 베이킹소다를 뿌리고 마른 수건으로 문질러서 오염을 제거하면 됩니다.

**Q 건조기를 사용하면 정말 옷이 줄어드나요?**

**A** 반은 맞고 반은 틀립니다. 세탁물이 바짝 마를 때까지 건조하면 옷이 줄어들기도 합니다. 건조했을 때 줄어들 가능성이 높은 섬유는 면, 마, 울입니다. 그래서 면, 마, 울 섬유는 건조할 경우 끝까지 바짝 건조하지 말고 70% 정도 건조하고 꺼내서 틀을 잡아주면서 늘려야 줄었던 부분을 늘릴 수 있습니다.

건조 때문에 세탁물이 주는 것이 아니라 물세탁으로 수축이 된 섬유가 수축 상태 그대로 건조되는 것이기 때문에 끝까지 바짝 말리지 말고 중간에 꺼내서 틀을 잡으면서 늘리면 옷이 줄어들지 않습니다.

티셔츠나 니트, 남방, 재킷 등은 특히 주의해야 하며, 와이셔츠의 경우도 너무 바짝 말리면 다림질이 어렵기 때문에 70% 정도만 건조하는 걸 추천합니다. 수건이나 속옷, 이불은 바짝 마를 때까지 건조해도 괜찮습니다.

# 얼룩 종류별 제거 방법

| 얼룩 종류 | 제거 방법 | 주의점 |
| --- | --- | --- |
| 마요네즈 | pb-1으로 전처리 후 과탄산소다와 담금 처리(물 온도 40~50도) | 밝은색 의류 위주 울, 실크, 가죽, 모피 제외 |
| 계란 | | |
| 기름 | | |
| 카레 | | |
| 겨자 | 식초, 중성세제, 에탄올 1:1:1로 섞어서 얼룩 부위에 바르고 과탄산소다와 담금 처리(물 온도 40~50도) | |
| 커피 | | |
| 과일 | | |
| 풀(식물) 물 | | |
| 유성볼펜(모나미) | 얼룩 밑에 면포를 깔고 에탄올을 바르고 휴지로 찍어내는 것을 반복 | 실크, 아세테이트, 가죽, 스웨이드 제외 |
| 유성매직 | | |
| 네임펜 | | |
| 수성펜 | 중성세제를 바르고 마찰을 주면서 손세탁 색소가 남으면 과탄산소다로 표백 | 실크, 가죽, 스웨이드 등 마찰에 약한 의류 제외 |
| 립스틱,틴트 | 클렌징폼과 에탄올을 1:1로 섞어서 면봉에 묻힌 후 오염 부위 세탁 | 실크, 아세테이트, 가죽, 스웨이드 제외 |
| 파운데이션 | | |
| 썬크림 | | |
| 껌 | 아세톤과 에탄올을 1:3으로 섞어서 오염 부위에 바르고 면봉으로 문질러서 제거 | 실크, 아세테이트, 가죽, 스웨이드, 모피 제외 |
| 페인트 | | |
| 본드 | | |
| 흙탕물 | 오염 부위에 물을 묻힌 후 빨랫비누로 전처리하고 비벼서 세탁 | 실크, 가죽, 스웨이드 등 마찰에 약한 의류 제외 |
| 구토 | 위장보호제(갤포스)를 1포 넣고 세탁기로 세탁(물 온도 40도) | 울, 실크는 주의 가죽, 스웨이드, 모피 제외 |

얼룩 제거 시 탈색될 수 있으므로 한쪽 부분에서 테스트 후 진행해야 합니다.

# 의류나 침구류 사용 가능 기간 출처: 한국소비자원

**의류**

| 품목 | 소재 | 계절 | 예 | 기간(년) |
|---|---|---|---|---|
| 정장 | 모, 모 혼방, 견, 기타 | 여름 | | 3 |
| | | 봄가을 | | 4 |
| | | 겨울 | | 4 |
| 코트 | | | | 4 |
| 치마나 바지 | 모, 모 혼방, 견, 기타 | 여름 | | 3 |
| | | 봄가을 | | 4 |
| | | 겨울 | | 4 |
| 스포츠 웨어 | | | 유니폼, 수영복, 트레이닝복 등 | 3 |
| 셔츠 | | | 면 셔츠, 티셔츠, 남방, 폴로 셔츠, 와이셔츠 | 2 |
| 블라우스 | 견 | | | 3 |
| | 기타 | | | 2 |
| 스웨터 | | | 스웨터, 가디건 | 3 |
| 한복 | 견, 빌로드, 기타 | | 치마, 저고리, 바지, 마고자, 조끼, 두루마기 | 4 |
| 스카프 | 견, 모 | | | 3 |
| | 기타 | | | 2 |
| 머플러 | | | | 3 |
| 넥타이 | | | | 2 |
| 속옷 | | | 란제리, 내복 | 2 |

| 품목 | 소재 | 계절 | 예 | 기간(년) |
|---|---|---|---|---|
| 가방 | 가죽(인조, 천연) | | | 3 |
| | 일반(천) | | | 2 |
| 가죽 | 돈피, 파충류 | | | 3 |
| | 기타 | | | 5 |
| | 인조 | | | 3 |
| 신발 | 가죽 및 특수 소재 | | 가죽구두, 등산화 등 | 3 |
| | 일반 | | 운동화 | 1 |
| 모피 | 토끼털 | | | 3 |
| | 기타 | | | 5 |
| 모자 | | | | 1 |



| 품목 | 소재 | 계절 | 예 | 기간(년) |
|---|---|---|---|---|
| 카페트 | 모 | | | 6 |
| | 기타 | | | 5 |
| 모포 | 모 | | | 5 |
| | 기타 | | | 4 |
| 소파 | 천연피혁 | | | 5 |
| | 기타 | | | 3 |
| 커텐 | | 봄, 여름 | | 2 |
| | | 가을, 겨울 | | 3 |
| 침구 | | | 이불, 침대 커버, 요 | 3 |

# 훼손된 세탁물 올바르게 보상받는 법

세탁소에 옷을 맡기고 찾았는데 훼손된 경험은 한 번쯤 겪어봤을 겁니다. 세탁소에 맡겼으니 세탁소 과실이라고 생각할 수 있지만 제조사나 기존 사용에 의한 훼손도 일어납니다. 그렇기 때문에 먼저 과실인지 파악하는 것이 중요합니다. 그래야 올바른 책임을 묻고 해결할 수 있습니다.

2020년 한국소비자원에 섬유제품심의위원회에 심의 요청된 세탁물 관련 분쟁 3,469건을 분석한 결과 '제조 불량' 같은 품질 하자에 의한 '제조·판매업자 책임'이 48.3%(1,677건), '세탁업자 책임'이 12.6%(436건), '소비자 책임'은 7.2%(251건)으로 제작부터 문제가 있는 경우가 많았습니다.

세탁물 관련 분쟁이 있다면 먼저 어디에 책임이 있는지 알아보고, 책임 소재가 불분명할 경우 세탁 사고를 심의할 수 있는 소비자 단체*에 심의를 의뢰하여 분쟁을 해결할 수 있습니다.



① 한국세탁업중앙회 / cleaning.or.kr / 02-812-1142

② 한국소비자연맹 / cuk.or.kr / 02-790-1600

③ 한국YWCA / ywca.or.kr / 02-3705-6060

④ 대한주부클럽연합회 / jubuclub.or.kr / 02-779-1573

⑤ 한국의류시험연구회 / katri.re.kr / 02-3668-3000

# 세탁하기 좋은 날

**빨래 고민 끝! 만능 홈세탁 교과서**

1판 1쇄 펴낸 날 2022년 4월 5일

지은이 박기문·한현숙(세탁하기좋은날TV)
주간 안채원
**책임편집** 이승미
편집 윤대호, 채선희, 윤성하, 장서진
디자인 김수인, 김현주, 이예은
마케팅 함정윤, 김희진

펴낸이 박윤태
펴낸곳 보누스
등록 2001년 8월 17일 제313-2002-179호
주소 서울시 마포구 동교로12안길 31 보누스 4층
전화 02-333-3114
팩스 02-3143-3254
이메일 bonus@bonusbook.co.kr

ⓒ 박기문·한현숙(세탁하기좋은날TV), 2022
• 이 책은 저작권법에 의해 보호를 받는 저작물이므로 무단전재와 무단복제를 금합니다.
  이 책에 수록된 내용의 전부 또는 일부를 재사용하려면 반드시 지은이와 보누스출판사 양측의 서면동의를 받아야 합니다.

ISBN 978-89-6494-543-8 13590

• 책값은 뒤표지에 있습니다.